工程设计与分析系列

LS-DYNA 有限元分析常见问题及案例详解

上海仿坤软件科技有限公司

袁志丹　张永召　王　强　黎　勇　编著

电子工业出版社

Publishing House of Electronics Industry

北京·BEIJING

内 容 简 介

本书内容涵盖 LS-DYNA 软件在使用过程中遇到的常见问题，包括材料、单元、接触、质量缩放、隐式、用户自定义材料及碰撞经验等内容。前 6 章主要针对中高级用户，挑选了 LS-DYNA 用户经常遇到的百余个疑难问题，从用户反馈使用中遇到的问题，到解决这个问题所采用的方法，采用一问一答（QA）的形式逐个给出准确、全面的解答，并在某些 QA 中加入练习文件以供用户学习，有助于用户更好地理解知识点；最后一章为了照顾一些初级用户，给出了使用 LS-PrePost 进行一些典型案例操作的过程。由于该软件涉及的领域众多，具有从国内的主机厂、高校学生及老师，到科研院所及众多其他企业等庞大的用户群，因此本书的出版会对他们有一定的启示和帮助，并具有很高的工程实用价值。

本书可供理工类院校相关专业的高年级本科生、研究生及教师使用，同时也可作为相关工程技术人员从事工程研究的参考书。

图书在版编目（CIP）数据

LS-DYNA 有限元分析常见问题及案例详解 / 袁志丹等编著. —北京：电子工业出版社，2021.7

（工程设计与分析系列）

ISBN 978-7-121-41460-2

Ⅰ．①L… Ⅱ．①袁… Ⅲ．①有限元分析—应用软件 Ⅳ．①O241.82-39

中国版本图书馆 CIP 数据核字（2021）第 124724 号

责任编辑：许存权　　　文字编辑：徐　萍
印　　刷：河北虎彩印刷有限公司
装　　订：河北虎彩印刷有限公司
出版发行：电子工业出版社
　　　　　北京市海淀区万寿路 173 信箱　邮编　100036
开　　本：787×1 092　1/16　印张：13　字数：333 千字
版　　次：2021 年 7 月第 1 版
印　　次：2025 年 4 月第 7 次印刷
定　　价：69.00 元

凡所购买电子工业出版社图书有缺损问题，请向购买书店调换。若书店售缺，请与本社发行部联系，联系及邮购电话：（010）88254888，88258888。

质量投诉请发邮件至 zlts@phei.com.cn，盗版侵权举报请发邮件至 dbqq@phei.com.cn。

本书咨询联系方式：（010）88254484，xucq@phei.com.cn。

序

在结构分析中，Computer Aided Engineering（CAE）是结合计算机和计算力学方法求解工程（产品）结构的强度、刚度、稳定性、动力响应、多体接触、弹塑性变形、热传导，以及多物理场耦合与性能优化等多方面问题的数值分析方法。自 20 世纪 60 年代至今，CAE 已历经 50 余年的发展，并广泛应用于诸如汽车工程、电子、机械、土木工程及生物力学等众多领域。时至今日，CAE 已经形成了独立的学科范畴，涵盖了计算数学、计算力学和计算几何等多个复杂的学科领域。从 20 世纪 70 年代开始，众多功能强大的商业化 CAE 软件在欧美科技发达国家逐步发展。这些软件各具特色，在连续介质固体力学、流体力学及非连续介质动力学等主要领域大放异彩。LS-DYNA 软件便是其中的杰出代表之一，并以其强大的结构非线性和动力学求解能力与稍后发展起来的多物理场耦合功能享誉全球。

就商业化 CAE 软件平台的实际应用而言，必须纠正一个广泛存在的认识误区——很多科技工作者把商业化 CAE 软件仅仅视作一种工具。商业化 CAE 软件确实是一种集合了多种学科的工具，但同时也是庞大的科学知识体系的整合。因此，掌握 CAE 商业化软件既是工具的应用过程，也是知识深化、学习的快捷过程。这点对正在使用 CAE 助推科研、生产的科技工作者而言是必须明确认识的。

目前，随着科学和技术的发展，CAE 对各行各业的影响进一步加大，并且可能成为国家科技发展战略的一部分。对广大科技工作者而言，CAE 工具软件将会成为科研和生产的强大助力。毫无疑问，CAE 的应用、研发水准是科技向生产力转化的强大催化剂。而本书则以 LS-DYNA 的核心问题为基础，深度瞄准 LS-DYNA 的实际应用，必将对工程师和科研工作者提供有力的帮助。与目前市场上已有的一些 CAE 学习参考书相比，本书作者的编写态度是务实负责的。

本书是针对 LS-DYNA 应用与深入扩展学习的集大成之作，可作为广大 LS-DYNA 用户的重要参考书。本书的出版必将推动 LS-DYNA 在国内的进一步应用，也必将对提高 CAE 工程师和相关学者在结构非线性与动力学问题等领域进行数值仿真求解的能力形成强大的助推作用。

清华大学

2021 年 6 月 18 日

前　言

LS-DYNA 是一款先进的通用非线性有限元程序，能够模拟真实世界的复杂问题。Livermore Software Technology（LST，an Ansys company，原 Livermore Software Technology Corporation，LSTC）旨在通过 LS-DYNA 为用户提供无缝解决多物理场、多工序、多阶段、多尺度等问题的方法。LS-DYNA 适用于结构动力学问题中涉及大变形、复杂材料模型和接触的情况，不同物理场（如热场）求解器（Thermal）、不可压缩流求解器（ICFD）、时-空守恒元解元求解器（CESE）、电磁场求解器（EM）等都可以与结构动力学相结合进行多物理场耦合分析。此外，LS-DYNA 还具备一些特殊算法，如任意拉格朗日-欧拉耦合（ALE/S-ALE）、光滑粒子流体动力学（SPH）、离散元法（DEM）、微粒法（CPM）、无网格伽辽金法（EFG）、扩展有限元法（XFEM）、光滑粒子伽辽金法（SPG）、近场动力学（Peridynamics）、边界元法（BEM）、随机粒子（Stochastic Particles）、化学反应（Chemistry）、等。

本书根据 LST 几十年积累的用户典型问题和详细解答（http://ftp.lstc.com/ anonymous/ outgoing/support/FAQ/），以及中国 LS-DYNA 工程师使用和技术支持的经验，挑选了 LS-DYNA 用户经常遇到的上百个问题，详细介绍从用户反馈问题到解决这个问题所采用的方法，采用一问一答（QA）的形式逐个给出准确、全面的解答，并在某些 QA 中加入练习文件以供用户学习参考，从而帮助用户有效解决 LS-DYNA 在使用过程中遇到的问题，提高 LS-DYNA 的使用效果。

本书在编写过程中得到鲁宏升、马亮、赵海鸥的大力支持，同时也得到大量 LS-DYNA 开发科学家的指导、帮助和支持。

作为 LS-DYNA 软件中国总代理，上海仿坤软件科技有限公司的员工为本书的成稿和出版提供了各方面的支持和辛勤付出。

同时，十分感谢 ANSYS 中国的支持和帮助。

本书技术支持：021-61261195, support@lsdyna-china.com。

上海仿坤软件科技有限公司

2021 年 6 月 22 日

目 录

第1章

基　础　篇

　　有限元法（Finite Element Method，FEM）是一种为求解偏微分方程边值问题近似解的数值技术。求解时对整个问题区域进行分解，每个子区域都成为简单的部分，这种简单部分就称作有限元。有限元不仅计算精度高，而且能适应各种复杂形状，因而成为行之有效的工程分析手段。

学习目标

（1）掌握阻尼、质量缩放等方面的设置
（2）掌握动态松弛的注意事项
（3）掌握 d3hsp 的一些信息

1.1 ASCII 文件和 binout 文件的区别

Note

从 970 版本开始，可以输出类似 ASCII 文件（matsum、rcforc 等）的二进制格式的文件。

MPP-DYNA 运行时不直接输出 ASCII 文件，而是将结果输出到一个二进制文件中。这种文件有两种格式：dbout 和 binout。MPP 默认输出 binout 格式的文件。database_matsum、*database_rcforc 等第二个参数则是控制输出哪些类型的结果文件。

*control_mpp_io_binoutonly 使 MPP 计算时将上述参数"BINARY"忽略，此时将写出 binout*文件而不是 dbout*文件。

LS-PrePost 可以直接对 binout 文件进行读取、转换和绘制。在 LS-PrePost 中，选择标有"2"的方形按钮（位于"Group"按钮下），接着选择"binout"，然后在窗口底部选择"Load"，在此可以绘制数据而不必输出 ASCII 文件，当然也可以在绘制数据时输出 ASCII 文件，如 glstat、matsum 等。要输出 ASCII 文件，可高亮加载 binout 栏目中"Open files"下的选项，单击左侧的"Save"按钮，在屏幕的右侧将看见"output interface"，在下面可以看见"Write out branches:"和文件列表，单击其中的一些项（或者"All"）来创建 ASCII 文件。单击"As ASCII(es)"按钮，然后单击"Apply"按钮（不需要"File name"），将在当前工作目录下输出 ASCII 文件。现在可以转到 LSPP 的第 1 页，从右上角的按钮中选择"ASCII"，选择想要的 ASCII 文件（如 jntforc），然后像平常一样操作即可。

从 binout 文件中输出 ASCII 文件的另一种方法：

lsda 安装包下有两个程序：一个程序是"l2a"，它可以从一个 binout 文件中提取多个 ASCII 文件；另一个程序是"ioq"，它是一个小的实用程序，可以直接读取/浏览 binout 文件。

"l2a"程序通常包含在用于平台的 MPP 可执行文件的同一个 tar 文件中，但 LSTC 也可以使用该 l2a 程序对任何 LS-DYNA 求解器 MPP 或 SMP、单精度或双精度的任何平台生成的 binout 文件进行操作。

或者，用户可以在系统上安装 l2a 程序。要做到这一点，需要先提取 tar 文件，然后执行"cd test; make linuxnof"，这将生成包括 l2a 程序的一些 lsda 工具。

从 binout 文件中提取 ASCII 文件，需要运行 l2a 程序，并在运行中包含 binout 文件的名称，例如 l2a binout.0000。

也可以只提取 matsum 和 nodout 的 ASCII 文件，例如 l2a binout* matsum nodout。

l2a 程序可以对多个作业进行 binout 文件的转换更新（在 LS-DYNA 中使用*CASE），也可以同时处理多个作业，例如：

```
l2a -j case*.bino*
```

这将需要来自 r71669 的 Dev 版本或更高版本的 l2a 程序。

binout 文件与平台无关，也就是说，可以处理同一平台或任何其他平台上的 binout 数据。

当 MPP LS-DYNA 输出 binout 数据时，将有多个具有"binout"名字的文件。在 d3hsp 文件中将看到如下信息，说明每个 binout 文件中包含了哪些数据：

```
The following binary output files are being created, > and contain data
equivalent to the indicated ascii output files
   binout0000: (on processor    0)
   nodout
   glstat
   matsum
   rcforc
   abstat
   rbdout
   sleout
   jntforc (type 0)
   binout0001: (on processor    1)
   jntforc
   binout0003: (on processor    3)
   deforc
```

如果加载第一个 binout 文件（默认名称为"binout 0000"）或用 LS-PrePost 加载 binout 文件中的任何一个，程序会自动加载相同根名的所有 binout 文件（默认根名为"binout"）。

MPP 输出格式的其他控制方法：

在 Pfile 中设置以下内容。

```
pfile:
gen { dboutonly }
to execute:
mpirun -np ## mpp970 i=... p=pfile
```

程序将像以前一样输出 dbout.*，LSTC 则可以使用 dumpbdb 提取所有的 ASCII 文件。

在运行 l2a 程序之前，可通过读取 dbout.* 文件产生的"dumpbdb"来生成 ASCII 文件。dbout.* 文件的格式取决于求解器［单精度还是双精度，以及 bigendian（如 IBM）还是 littleendian（如 Intel）］。在给定的 dbout.* 文件上使用错误的 dumpbdb 程序可能会导致垃圾数据产生。因此 LSTC 习惯于把 dumpbdb 程序与求解器一起发布，这样程序才能都是可用的。

LSTC 运行 l2a 程序时，不同的求解器将生成不同的 binout 文件（单/双、大/小字节）。任何 l2a 程序都可以读取任何 binout 文件，用于编写 binout.* 文件的 LSDA 库在内部纠正了所有这些差异。所以，LSTC 所要做的只是在后处理的机器上运行 l2a 程序。对于不同版本的 DYNA，LSTC 不需要不同的 l2a 程序。

binout 文件有时会被更改、添加或修复，所以最好使用最新版的 l2a 程序。新的 l2a 程序能够处理所有旧的 binout 文件，反之则不行。

因此，在每个平台上应该都有一个"l2a"程序。目前这种方法的优点是用户不必单独再去下载 l2a 程序，如果已经下载了求解器，就将有 l2a 程序。

1.2 LSPP 曲线格式的要求

LS-PrePost 可以通过 XYPlot→Add 从数据文件中读取 x-y 曲线数据，然后绘制该曲线。

数据文件的格式非常简单，例如，两条曲线（第 1 条曲线上有 n 个点，第 2 条曲线上有 m 个点）的数据如下：

```
n
x1  y1
x2,y2
...
xn, yn
m
x1, y1
x2  y2
...
xm, ym
```

也可以是 CSV 格式，如下所示：

```
abcissa_label,curve1_label,curve2_label,curve3_label（注意不能有空格）
x,curve1y,curve2y,curve3y
etc.
```

数据文件也可以包含横坐标、纵坐标和图例的标题及标签，如下所示：

```
curveplot
Overall title on line 2 (line 1 must be "curveplot")
Abcissa title on line 3
Ordinate title on line 4
Legend title on line 5
* Comments are preceded by an asterisk
* 1. Lines that appear after line 5 and which begin with a "*" are not
read, i.e., are comments
* 2. "#pts" must appear on 6th line and on 1st line of subsequent curves
(value assigned to #pts,
*    if any, is inconsequential)
* 3. "endcurve" signals conclusion of a curve
Arbitrary title for 1st curve here  #pts
* Data points are space-delimited or comma-delimited
x1, y1
x2, y2
* Comment can be embedded anywhere
x3, y3
endcurve
* "endcurve" ends data entry for curve
```

```
Arbitrary title for 2nd curve here  #pts
* Comment
x1, y1
* Comment
x2, y2
endcurve
```

也可以用关键字命令*define_curve 来定义曲线，读取关键字文件，用 LSPP 旧的 GUI 界面中的页面 "D" 绘制曲线，然后单击 "Save" 按钮以不同的格式保存数据。例如，LSPP 可以读取下面这个输入：

```
*keyword
*define_curve
1
0,0
1,1
2,2
3,3
*define_curve
2
0,0
1,-1
2,-2
3,-3
*end
```

1.3 自适应网格的设置

使用*define_box_nodes_adaptive 可应用壳单元的 h-自适应网格。

自适应网格不能同时应用于壳单元和实体单元，除了两个壳层之间夹着实体单元这种特殊的夹层复合材料的情况（见*control_adaptive 的 IFSAND 参数）。因为 h-自适应和 r-自适应是完全不同的两种自适应网格的形式，在同一模型中这两种方法不兼容。

设置*control_adaptive 中的参数 ADPOPT=7 与*control_remeshing 结合在一起，可对实体单元施加 r-自适应网格。如果希望对某些实体零件使用这种 r-自适应方法，请将*PART 的 ADPOPT 设为 2（这与*control_adaptive 中的 ADPOPT 完全不同）。当使用这种类型的自适应网格时，自适应的实体网格不应与任何其他零件共节点。

*control_adaptive 的 ADPOPT=1 或 2 可以对壳单元施加 h-自适应网格。如果希望对某些壳零件使用这种 h-自适应网格，请将*PART 的 ADPOPT 设为 1。

*control_adaptive 中还有其他 ADPOPT 选项，例如，2D 的 r-自适应网格。

对于另外一种类型的自适应网格，请参见*control_refine_option。

1.4 圆柱坐标系下的边界条件定义

我们希望在柱面坐标系下施加 LOAD、SPC 和 BPM。可以把*define_function 作为 LCID 在圆柱坐标系下施加节点力，但此时圆柱坐标系必须是固定的。据我们所知，SPC 和 BPM 不可能在圆柱坐标系下定义，除非为每个节点定义坐标系。

我们建议将坐标系类型参数 CSTYPE 添加到*define_coordinate_*中（笛卡儿/圆柱形/球形）。

假设当前坐标系以旋转矩阵形式存储在 LS-DYNA 中，有 9 个值。如果 CSTYPE 表达的是一个圆柱形（或球形）坐标系，则可通过原点、z 轴上的点、在 r 方向上的点来替代，这也是 9 个值。

有些关键字可以引用 CID，但是需要 CSTYPE 支持*load 和*boundary_prescribed_motion。

------ *BOUNDARY_SPC --------

可以使用 LSPP 4.1 在圆柱坐标系下应用节点 SPC，以便在关键字中自动定义和调用局部笛卡儿坐标系。

（1）选择 Model→CreEnt→Boundary→Spc→Cre 指令。

（2）单击单选按钮 "Set" 或 "Node"，如果单击 "Set"，则多个节点将具有相同的局部坐标系，否则要约束的每个节点将对应于每个*define_coodinate_system 和*boundry_spc_node。

（3）选择复选框内的 "Cylindrical CS"。

（4）选择（必要时创建）一个 CID 和对应圆柱坐标系中 z 轴的 CID（笛卡儿 X、Y 或 Z）的方向。

（5）选择一些被约束的节点，单击 "Apply" 按钮。

------ *BOUNDARY_PRESCRIBED_MOTION_NODE --------

使用 LSPP 4.1 在圆柱坐标系下应用节点强制位移，以便在关键字中自动定义和调用矢量。

（1）选择 Model→CreEnt→Boundary→Prescribed Motion→Cre 指令。

（2）选择 DOF=4（平动）或 8（转动）。

（3）选择复选框内的 "Cylindrical CS"。

（4）选择 R 或 T 来指示施加的运动是径向的还是切向的。

（5）选择（必要时创建）一个 CID 和对应圆柱坐标系中 z 轴的 CID（笛卡儿 X、Y 或 Z）的方向。

（6）选择 "Pick" 并选择一些被约束的节点，单击 "Apply" 按钮。

如果在创建 SPC（或 boundary_prescribed_motion）时选择 "Node"，则允许在使用选择窗口选择任意数量的节点时，LSPP 为需要约束的圆柱坐标系下的每个节点创建唯一的笛卡儿坐标系（或唯一的矢量）。

如果在创建 SPC（或 boundary_prescribed_motion）时选择"SET"而不是"Node"，则集合中的所有节点都将使用相同的笛卡儿坐标系（或相同的矢量）。

LSTC 提供了两个 input 文件：第一个是施加圆柱坐标系下 SPC 和 BPM 前的网格模型；第二个是由 LSPP 4.1 创建圆柱坐标系下 SPC 和 BPM 后的模型。只需单击几下鼠标，许多坐标系和矢量将由 LSPP 自动创建。

Note

1.5 阻尼定义

阻尼在 LS-DYNA 中是可选的，并且使用*damping 命令调用。

注意，能量耗散可以发生在*damping 以外的其他方式。例如，沙漏力引起的能量、刚墙力引起的能量、接触摩擦力产生的能量、阻尼器产生的内部能量等。

有时接触力会在反应中引入噪声，在这种情况下通过*contact 卡 2 上的 VDC 参数添加黏性阻尼有助于降低噪声。VDC 输入为临界阻尼的百分比，一个典型的值在 10～20 范围。

LS-DYNA 中的质量阻尼包括*damping_global 和*damping_part_mass，用于阻尼低频结构，但它具有阻尼刚体的附加效应。

因此，应将经受显著刚体运动的零件排除在质量阻尼之外，否则应在该零件经受刚体运动时关闭质量阻尼或使用*damping_relative。

通过使用*damping_relative，仅对特定刚体的运动/振动起阻尼作用。

*damping_relative 和常规质量阻尼一样，除了相对于 RB（旋转）运动的运动被阻尼。在确定相对运动时考虑刚体的平移和旋转运动。

*damping_relative 的 CDAMP 和 FREQ 用于计算质量阻尼常数：

```
damping constant = CDAMP * (2 * omega_min) = CDAMP * (4 * pi * FREQ)
```

而在*damping_global 和*damping_part_mass 的情况下可以直接输入阻尼常数。

*damping_relative 的一个例子如图 1-1 所示。

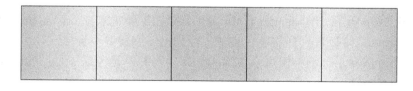

图 1-1　阻尼实例图

当注释掉*damping_relative 时，然后在一个可变形单元中绘制有效应力的时间历程曲线，你会看到一个不随时间衰减的振荡，如图 1-2 所示。

使用*DAMPING_RELATIVE 重新运行示例，将看到振荡迅速消失，如图 1-3 所示。

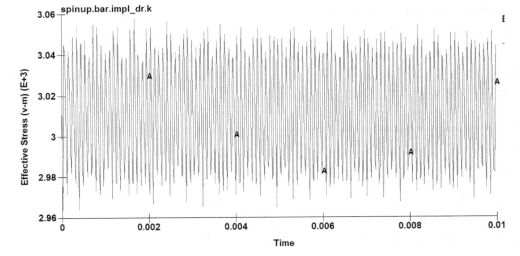

图 1-2　单元有效应力的时间历程图（无阻尼）

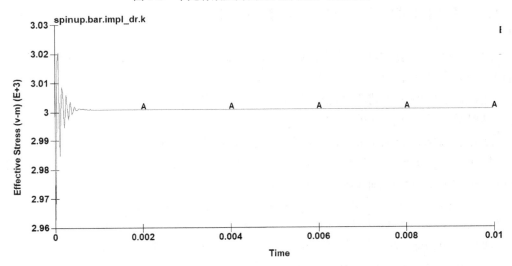

图 1-3　单元有效应力的时间历程图（有阻尼）

再次运行这个示例，用*damping_global（包括在原始输入中，但注释掉了）来替换*damping_relative，可以看到杆将停止旋转，因为刚体旋转并不会排除。

在质量阻尼情况下，临界阻尼系数为4*pi/T，其中 T 是考虑了阻尼的周期，通常是最低频率（基波）模式。

周期可以根据特征值分析来确定，也可以根据无阻尼动力分析的结果来估算。

如果用户选择质量阻尼，则建议阻尼值小于临界阻尼系数。

临界阻尼的 10%的值，输入为 0.4*pi/T，是相当典型的。可以选择使用相同的阻尼系数（*damping_global）施加于所有零件，或者为了使阻尼适合每个零件的单独响应特性，为每个零件分配不同的阻尼系数（*damping_part_mass）。在这两种情况下，阻尼系数都可以随着时间的变化而变化（在模拟过程中可以随时关闭或打开阻尼）。

*damping_part_stiffness 用于高频模式，COEF 变量（作为正值输入）近似为部分临

界阻尼。COEF 的典型值为 0.1，约为高频模式的临界阻尼的 10%。

在显式分析中，刚度阻尼可以减小响应的高频振荡来提高模型的稳定性。

如果使用*damping_part_stiffness，则应相应减小*control_timestep 中的 TSSFAC（没有具体的建议值），因为阻尼会影响临界时间步长（sh, bug 12599, 10/20/16）。

如果由于增加刚度阻尼而发生不稳定，则

（1）减小 TSSFAC，和/或

（2）降低 COEF 到恢复稳定性。

http://ftp.lstc.com/anonymous/outgoing/support/FAQ_kw/spinning_shells_effect_of_stiffness_damping.k 提供了刚度阻尼与质量阻尼的对比案例研究。

采用质量阻尼和刚度阻尼进行隐式动力分析。

刚度阻尼示例（包括模型中的注释）：http://ftp.lstc.com/anonymous/outgoing/support/FAQ_kw/demo_stiffness_damping_effect_impl.k 算例表明，隐式刚度阻尼与时间步长有关。

另两个例子是在隐式动力分析系统中正确处理质量阻尼和刚度阻尼，http://ftp.lstc.com/anonymous/outgoing/support/FAQ_kw/damping_implicit_dynamic.k（在模型中包含了注释，其中包括关于自由振动衰减的内容）。

可以根据在 M 个循环的间隔测量的两个位移振幅的比率来确定阻尼比。

```
Damping ratio = ln(dn/d(n+m))/(2*pi*m*(omega/omega_damped))
```

对于小于 0.2 的阻尼比，由于阻尼引起的频率 Ω 的变化（<2%）误差可以忽略。

"log decrement"为 ln(dn/d(n+m))，其中 dn 为周期 n 的位移幅值，d(n+m)为周期(n+m)的位移幅值。

注意，对于隐式动态分析，可以通过 GAMMA 和 BETA 值引入一些数值阻尼：gamma=0.6 和 beta=0.4 具有良好的效果，但是我们也使用了两倍的默认值（1.0 和 0.5）以消除高振幅的动态振荡。

采用隐式直接积分法时，质量阻尼对类型 1 和类型 2 的梁均有影响，但采用模态叠加法时不受影响。

http://ftp.lstc.com/anonymous/outgoing/support/FAQ_kw/damping_beams_impl.k

http://ftp.lstc.com/anonymous/outgoing/support/FAQ_kw/hlbeam_damp_directimpl.k

另一个阻尼选择是一个频率无关的阻尼选项，它针对一个频率范围和一组零件（*damping_frequency_range）。

阻尼频率范围是由 ARUP 开发的，其理论细节是保密的，但在 http://ftp.lstc.com/anonymous/outgoing/support/PAPERS/DAMPING_FREQUENCY_RANGE_support_note_Feb2018.pdf 中提供了关于*damping_frequency_range 和*damping_frequency_range_deform 的一些有用的说明。

它开发的目的是帮助 LS-DYNA 正确处理振动预测问题中的阻尼，包括车辆 NVH 时程分析以及某些类别的地震问题和土木/结构振动问题。

*damping_frequency_range 的要点是：

● 仅用于低阻尼，例如，不超过 1%或 2%；

● 阻尼稍微降低了响应的刚度，这是因为由于需要考虑频率影响，所施加的阻尼力略微滞后于"理论上正确"的阻尼力；

Note

● 用户指定的频率范围最好不超过最高和最低频率的 30 倍，阻尼仍在频率范围之外，但阻尼应减小。

这种阻尼基于节点速度。这些速度可能由于结构模态或刚体旋转而产生振荡。当两个频率相隔很远时，阻尼效果要好得多。对于 FHIGH/FLOW = 3，内部计算的参数选择非常糟糕，这可能被认为是一个缺陷。

但是，当 FHIGH/FLOW 提高到 30 时，响应要好得多，低频时阻尼减小。对于刚体运动，刚开始时刚体速度略有下降（而频率最初是排序的），但此后保持不变。

在初始落差较大时，速度仍有逐渐下降的趋势，因此这种阻尼形式不可避免地会对 RB（旋转）运动产生持续但较小的阻尼效应。

在版本 R7.0.0 中，*damping_frequency_range 也可以为隐式动态施加阻尼。

在瑞利阻尼中，阻尼矩阵表示为质量矩阵和刚度矩阵的线性组合：

```
C = alpha*M + beta*K
```

LS-DYNA 可以在单元层次上对显式分析施加瑞利阻尼。

这是为了便于数值计算，因为在显式方法中，我们不形成刚度矩阵 K。

相反，我们通过简单地将应力集中在单元区域上来计算内力。瑞利阻尼项则用于对这些应力进行校正。

当 COEF>0 时，刚度阻尼在高频区域提供了临界阻尼的近似份数。例如，COEF=0.1 大约相当于临界阻尼的 10%。

当 COEF<0 时，引用一种古老的刚度阻尼公式，即 COEF 近似等于 Rayleigh 的 beta 值。

换句话说，可以用临界刚度阻尼。

```
COEF = beta = 2/omega = T/pi = 1/(pi*f)
```

其中：

```
omega = circular frequency (radians/time) targeted for damping,
pi    = 3.1416
T     = period (time)
f     = cyclic frequency (cycles/time)
```

如果时间步长> COEF，则这种旧的公式特别容易不稳定，这通常用于显式分析。

注　意　在*control_implicit_dynamics 中设置 IRATE=1，不仅可以关闭隐式分析中的材料速率效应，而且还可以关闭刚度阻尼。

1.6 曲线离散

用*define_curve 定义的曲线会在内部重新离散。

请注意用户手册*define_curve 备注 1 的 "Warning Concerning Rediscretization."。

如果*control_output 的 IPCURV 设置为 1，则将离散曲线的数据点写入 messag 和 d3hsp。

要显示重新离散的曲线，可以将曲线数据写成关键字格式，如下所示：

```
*keyword
*define_curve
1
0,0
1,1
2,2
3,3
```

重新离散的曲线上点的数量可以用 LCINT 参数（*control_solution 卡 1 上的第 4 个参数）来改变。因此，通过将 LCINT 更改为大于默认值 100 的值，重新离散的曲线可以更好地处理输入曲线。

但是，请注意，输入曲线中的峰值通常不太好，因为重新离散的曲线不太可能准确地捕捉到峰顶。

2015 年增加的功能是将 LCINT 作为变量加入*define_curve 和*define_ table，因此可以对不同的曲线进行不同的离散化。

当遇到下面这类的警告时：

```
"*** Warning 21329 (STR+1329)
The discretization of the following load curves
has resulted in differences in value that exceed 10.00 percent of the median
value of the load curve
Curve ID 1 has discretization error of 96.767400 which is 90.10 percent
of its median"
```

你可能对警告中的值是如何计算出来的感到好奇。

LS-DYNA 开始时采集非零输入曲线值的绝对值的列：

```
sety = set of (abs(y) for all y != 0 in the input curve)
```

然后对 sety 进行排序，并选择中值。

之后将差异计算为：

```
diff = abs(interpolated curve - input curve) / median y value
```

并且报告输出的是最大差异。

1.7　动态松弛设置

动态松弛用于模型中所有的节点。

用户希望在松弛过程中防止 advection，可以使用*control_ale 的 START。在 t=0.0 的松弛之后，计算马上就开始了。

*boundary_prescribed_motion_set 的*define_curve 下的 SDIR=1 可用于在松弛过程中为 ALE 节点规定零速度。

一种将动态松弛应用于 ALE 模型的方法：

http://ftp.lstc.com/anonymous/outgoing/support/FAQ/implicit.dynamic_relaxation

http://ftp.lstc.com/anonymous/outgoing/support/FAQ/quasistatic

壳体零件在 DR 阶段会被拉伸，然后在瞬态阶段受到冲击：

http://ftp.lstc.com/anonymous/outgoing/support/FAQ_kw/explicit_dr.k

在 DR 阶段使用温度载荷进行螺栓的预加载：

http://ftp.lstc.com/anonymous/outgoing/support/FAQ_kw/bolt.expl_dr.k

在 DR 阶段使用*initial_stress_section 进行螺栓预加载：

http://ftp.lstc.com/anonymous/outgoing/support/FAQ_kw/bolt.initial_stress_section.4not1.k.gz

注意：按规定的几何进行初始化（IDRFLG=2），当使用从*initial_stress_section 的 DR 阶段所获得的 drdisp.sif 时，包括*initial_stress_section 所定义曲线的 IDRFLG=0 和预加载应力在非常短的时间全部加上（0～1 个时间步长）。

使用 DR 进行重力初始化：

http://ftp.lstc.com/anonymous/outgoing/support/FAQ_kw/gravity_preload_by_dr.k.gz

使用 DR 阶段结束时输出的 d3dump 可进行一个小型的重启动计算，重启动模型包含*control_dynamic_relaxation 带有修改后的 DRTOL 或 DRTERM。或者，如果不想修改 DR 分析，只想立即启动 DR 的最后状态初始化的瞬态运行，则可在重启动模型中忽略*control_dynamic_relaxation。

使用一条曲线来进行动态松弛和瞬态计算，在动力松弛曲线中首选斜坡状的曲线，因为它将引起较少的动态响应，因此动态松弛阶段会更快地收敛，并且不太可能超过实际的预紧应力。

1.8 加快动态松弛收敛速度的办法

要获得有效的收敛是很困难的，而且往往需要迭代，因为显式动态松弛解的收敛不仅受载荷的斜坡时间影响，而且还受时间步长和模型系统固有频率的影响。DR 阶段的"阻尼"只是每一个步长下节点速度的减小值，收敛性是根据当前的"扭曲"动能与"扭曲"动能的极值来判断的。

通过对 d3drlf 和 ASCII 松弛结果的后处理，可以确定在满足默认的、扭曲的动能收敛准则之前终止动态松弛阶段是否合理。

换句话说，从 d3drlf 数据库（*database_binary_d3drlf）中绘制时间历程曲线，以查看是否获得了接近稳定状态的解，即位移和/或应力时程已"趋于"接近恒定值。

任务在运行时也可以执行此后处理。

如果决定结束 DR 阶段，请记下 DR 阶段的时间，并发出一个"SW1"开关来停止计算并输出一个 d3dump01 文件。

进行一个小的重新启动，需要在*control_dynamic_relaxation 中设置 DRTERM。

使用 d3drlf 数据库绘制速度矢量可有助于及时识别出动能没有减小的区域。然后，可以专注于这个区域，以寻求解决方法，如使用接触阻尼（VDC）。

如果 DRFCTR 太小，变形可能会受到过度抑制，可以查看"收敛"时间历程曲线（使用 ASCII 输出文件"relax"绘制）。

另一方面,"收敛"值的下降非常缓慢,因此收敛时间过长,这可能表明 DRFCTR 太大(接近 1.0)。

显式 DR 的收敛非常缓慢,这在低固有频率的大型结构中尤为常见,这是因为结构需要很长时间才能对其基本频率做出反应。

根据显式时间步长的大小,动态松弛的收敛可能需要数百万的时间步长——如果它完全收敛(过阻尼可能也是一个问题)。

一个很好的选择是使用隐式动态松弛,可见

http://ftp.lstc.com/anonymous/outgoing/support/FAQ/implicit.dynamic_relaxation

对于这种方法,应该使用 LS-DYNA 的双精度求解器,可见

http://ftp.lstc.com/anonymous/outgoing/support/FAQ/implicit_guidelines

DR 阶段不会输出所有常见的诸如 glstat、matsum、elout 的 ASCII 文件,因此将 *control_dynamic_relaxation 的 IDRFLG 设置为-1,并且指定*database_binary_d3thdt。这将生成一个二进制文件 d3thdt,可以使用 LS-PrePost 的 File→Open→Time History 指令打开该文件。为了查看节点或单元数据,仍然需要使用*database_history_option 来选择这些数据。

请参见 IDRFLG=3,这样可选择一个用于收敛检查的零件集。

相关的 DRPSET 还可以控制 DR 阶段中包含哪些零件,参见 http://ftp.lstc.com/anonymous/outgoing/support/EXAMPLES/bolt.initial_stress_section.4not1.idrflg3.k 和 bolt_idrflg3.png。

1.9 通过 DR 计算回弹

对于支持隐式的材料,建议使用隐式分析来计算每次撞击后的回弹状态。对于尚未支持隐式动态松弛的材料,可以采用显式动态松弛进行回弹模拟。

下面列出的两个模型通过动态松弛(DR)来计算回弹(恢复)。首先,运行 shells.dynain.k 来进行一系列动态计算。因为包含了命令*interface_springback_lsdyna,所以生成了包含代表最终状态的关键字命令的 dynain 文件。接下来运行 shells.dr_springback.k。

该模型使用第一次运行时的 dynain 数据对模型进行初始化,然后通过 DR 计算回弹。

在 DR 分析中,终止时间可以设置为零。

DR 可以通过在任何载荷曲线中将 SIDR 设置为 1 来激活——在这种情况下,使用的是虚拟载荷曲线。

回弹分析的结果将输出在 d3drlf 数据库中。

从回弹分析中输出的 dynain 文件可用于模拟下一个工况。dynain 文件可以以这种顺序的方式来模拟一系列工况。可见

http://ftp.lstc.com/anonymous/outgoing/support/FAQ_kw/shells.dynain.k

http://ftp.lstc.com/anonymous/outgoing/support/FAQ_kw/shells.dr_springback.k

1.10 通过 DR 计算重力

对于重力，至少有三种方法可以进行预加载。

它们都使用*load_body 命令。我们的建议如下：

（1）使用动态松弛进行前期的准静态分析，其中重力采用斜线方式来加载。这涉及定义两条加速度与时间的曲线。对于*load_body 的 LCID 曲线（在*define_curve 中），将 SIDR 设置为 0，并指定一个恒定的加速度与时间；对于*load_body 的 LCIDDR 曲线，将 SIDR 设置为 1，并在短时间内（如 10ms）线性地将加速度从零增加到常数（重力）值，然后保持不变。

（2）进行预加载荷的隐式静态分析。

（3）在显式动力分析的前期使用质量阻尼对结构进行预加载荷计算，然后释放阻尼并施加动态载荷。

1.11 进行 DR 计算的注意事项

（1）用来施加预加载荷，不适用于产生大位移的载荷。

（2）要调用 DR，把任何一个*define_curves 中的 SIDR 设置为 1 或 2 即可。*control_dynamic_relaxation 是可选的，它用于更改动态松弛控制的默认值。

（3）在 DR 阶段施加斜坡载荷（如 1000 多个时间步长）比突然施加载荷更合理。梯度变化的载荷有助于减小动态效应。

1.12 进行 DR 计算时出现警告的原因

警告信息如下：

```
*** Warning 40515 (SOL+515)
    Velocities cannot be reinitialized
    after restart to account for geometry
    changes whenever:
    1. "INIT" option is specified on command line during the initial run.
    2. dynamic relaxation restart dumpfile is used to restart run.
```

在动态松弛阶段使用*load_body_rx(y,z)来对旋转体进行初始化。在瞬态阶段，*load_body_rx(y,z)被*initial_velocity_generation 所替代，从而初始化了预加载体的自旋。在这种情况下，在*initial_velocity_generation 中设置 PHASE=1 比较合适，以便在向节点分配初始速度时考虑几何形状的变形。如果设置 PHASE=0，则会得到警告 5515。

引起 5515 号警告信息的原因如下。

（1）用户错误地设置了 PHASE=0。

（2）如果用户试图通过从 d3dump01 进行完全重启动来解决这种问题，同时在完全重启动模型中设置 PHASE=1，则 PHASE 仍将被视为 0，初始速度仍将基于未变形的几何。

Note

附件的例子使用两步来说明我们的假设。

（1）ls-dyna i=warning_SOL+515.k（因为 trial.k 的 PHASE=0，故输出警告信息）。

（2）ls-dyna i=warning_SOL+515.fullres.k r=d3dump01（trialfullres.k 中 PHASE=1）。

查看步骤（2）的后处理 d3plot 时，可以看到在 t=0 处的初始速度仍然是基于未变形的几何形状，并且 VM 应力也相应地振荡。

如果在原来的模型 warning_SOL+515.k 中设置 PHASE=1，并跳过步骤（2），那么初始速度是基于变形的几何模型，并且任何单元中的 VM 应力在瞬态阶段几乎都是恒定的。

1.13　能量守恒的含义

可参阅 http://www.dynasupport.com/tutorial/ls-dyna-users-guide/energy-data/。

在 glstat（见*database_glstat）中输出的总能量是下列的总和：

● 内能（包括"侵彻内能"）；

● 动能（包括"侵彻动能"）；

● 滑动界面能（也称为接触能）；

● 沙漏能（从 83861 修订版开始，包括"侵彻沙漏能"）；

● 系统阻尼能；

● 墙能（俗称刚性墙能）。

在 glstat 文件中输出的"spring and damper energy"是离散单元、安全带单元和与运动幅刚度（*constrained_joint_stiffness...）相关的能量之和。

"internal energy"包括"spring and damper energy"以及所有其他单元类型的内能。

因此，"spring and damper energy"只是"internal energy"的一部分。

在 971 r3 的 jntforc 上有两个能量项。

第一个"energy"是在 R3 中新增的，对应于 glstat 中的"joint internal energy"。

它与"constrained"自由度中基于罚函数的力有关。

当使用拉格朗日乘子算法时不会出现。

截至 2008 年 1 月，LS-PrePost 似乎无法绘制出在 jntforc 中的第一个能量项"energy"。binout 文件的 jntforc 数据中可能不包含这第一个能量项。

第二个能量项"joint energy"与*constrained_joint_stiffness 有关，它包含在 glstat 文件的"spring and damper energy"和"internal energy"内。

无论是来自运动幅刚度还是来自离散单元的"spring and damper energy"，总是包含在"internal energy"中。

matsum（见*database_matsum）中输出每个零件的能量值。

只有当*control_energy 的 HGEN 被设置为 2 时，沙漏能才会被计算和输出。同样地，只有当 RWEN 和 RYLEN 分别被设置为 2 时，才能计算和输出刚性墙和阻尼的能量。

刚度阻尼能在内能中。

质量阻尼能则是"system damping energy"的一个单独项。

由于壳体的黏度而耗散的能量在 970 的 4748 修订版之前没有计算。在随后的修订中，设置 TYPE=-2 可在能量守恒中包含这种能量。

如果总能量=初始总能量+外部功，或者换句话说，如果能量比〔在 glstat 中为"total energy/initial energy"，尽管它实际上是 total energy/(initial energy + external work)〕等于 1.0，那么能量是守恒的。

 如果分母（初始总能量+外部功）小于 1.e-08，则用重置能量比为 1.0。

注意，增加的质量可能导致能量比增加（可见 http://ftp.lstc.com/anonymous/outgoing/support/FAQ_kw/taylor.mat3.noerode.mscale.k）。

History→Global energies 不包括侵彻的单元，而 glstat 能量则包括这些单元。

请注意，这些侵彻的单元可以通过 ASCII→glstat 绘制为"eroded kinetic energy"和"eroded internal energy"进行查看。

侵彻能是与被删除的单元（内能）和被删除的节点（动能）相关的能量。通常，如果没有删除任何单元，则"energy ratio w/o eroded energy"等于 1；如果单元被删除，则小于 1。

删除的单元不应影响"total energy/initial energy"的比值。

能量比的增长可归因于其他一些因素，如增加的质量。

当单元侵彻时，glstat 中的内能和动能不反映能量损失。相反，损失的能量在 glstat 中被记录为"eroded internal energy"和"eroded kinetic energy"。

如果从"internal energy"中减去"eroded internal energy"，就可以得到在模拟中仍然存在的单元的内能。动能也一样。

matsum 文件的内能和动能只包括剩余（非侵彻）单元。

```
*** UPDATE ***
To invoke additional energy output to matsum associated with eroded
elements, lumped mass/lumped inertia, and non-structural mass, see IERODE in
*control_output
*** END UPDATE ***
```

glstat 包括了来自运动刚性墙的 KE，matsum 则不包括。

附件是一个示例。请注意，如果将*control_contact 中的 ENMASS 设置为 2，则与已删除单元相关联的节点不会被删除，则"eroded kinetic energy"为零（可见 http://ftp.lstc.com/anonymous/outgoing/support/FAQ_kw/m3ball2plate.15.k）。

通过 History→Global 查看的总能量只是动能和内能的和，因此不包括接触能或沙漏能。

（1）壳的负内能。

为了消除这种虚假效应，需要

● 关闭壳的减薄（ISTUPD）；

● 打开壳的体积粘度（设置*control_bulk_viscosity 的 TYPE = −2）；

● 对这些 matsum 中为负值的零件施加*damping_part_stiffness。

首先尝试一个小值，例如 0.01。

如果*control_energy 的 RYLEN=2，则计算由刚度阻尼引起的能量，并将其包含在内能中（示例研究可见 negative_internal_energy_in_shells）。

（2）正的接触能。

当接触定义中包含摩擦时，正的接触能由于摩擦耗散能而累积。即使零件脱离接触，这种摩擦能也不可恢复。

在没有接触阻尼和接触摩擦的情况下，当零件脱离接触时，人们希望看到零（或非常小的）净接触能（净接触能=从侧能量和主侧能量的总和）。

在这种意义上，正的接触能是压缩接触"弹簧"中储存的能量，只要有接触力施加，就会有非零的接触能。

http://ftp.lstc.com/anonymous/outgoing/support/FAQ_kw/sphere_to_plate.examine_contact_damping_energy.k 表明，接触阻尼（VDC = 0, 30, 90）也产生了正的滑动（或接触）能量。

（3）负的接触能。

如果（总接触能−摩擦接触能）是负的，那就是我们所说的负接触能，理想情况下是没有负接触能的。

下面的说明中列出的建议是为了帮助减少负接触能的发生。

负接触能的突然增加可能是由未发现的初始穿透引起的。定义初始几何时需要谨慎，以便适当地考虑壳的偏移，通常是减少负接触能的最有效方法。有关负接触能的更多信息，请参阅 LS-DYNA 理论手册（1998 年 5 月）第 23.8.3 节和 23.8.4 节。

当零件产生相对滑动时，有时会产生负的接触能。这与摩擦力无关——我们指的是法向接触力和法向穿透产生的负能量。

当穿透节点从其原始主段滑行到相邻但未连接的主段并立即检测到穿透时，结果会产生负的接触能。

如果内能能反映负的接触能，即 glstat 的内能曲线的斜率与负接触能曲线的斜率相等或相反，则该问题很可能是局部化的，对解的整体有效性影响很小。我们可以识别局部问题的区域，方法是将壳零件的内能通过云图显示（在 LS-PrePost 中使用指令 Fcomp→Misc→internal energy）。实际上，显示的是内能密度，即内能/体积。内能密度的极值处通常表示负接触能集中的位置。

如果*database_extent_binary 的 HYDRO=1，则实体单元的每个参考体积的内能被写入第 2 至最后的额外历史变量中。

如果定义了多个接触，那么 sleout 文件（*database_sleout）将输出每个接触的接触能，因此可以缩小负接触能的调查范围。

由于难以理解负接触能来自何处，并对其进行校正，所以存在开发的增强要求，Bug 3317 通过 intfor 数据库的云图显示滑动界面能。

更新：此增强现在可用于 MORTAR，但不适用于其他接触。

消除负接触能的一般建议如下：

- 消除初始穿透（寻找消息文件中的"Warning"）。
- 检查和消除多余的接触定义。两个相同零件或表面之间不应该有超过一个的接触定义。
- 减小时间步长系数。
- 将接触控制卡片设置为"默认"，但打开 SOFT=1 和 IGNORE=2（可选卡 C）。
- 对于带尖锐边的面的接触，在可选卡 A 上设置 SOFT=2。SOFT=2 也称为基于段的接触，因此不适用于任何 node_to_surface 类型的接触。

SOFT=2 的两个重要变量是 SBOPT 和 DEPTH。

SBOPT：面之间的滑动不普遍时设置 SBOPT=3，当滑动普遍时设置 SBOPT=5。

DEPTH：推荐 DEPTH=13 或 23，除非必须考虑壳的边到边的接触，在这种情况下，设置 DEPTH=25 或 35。

请注意，与 SOFT =0 或 1 相比，SOFT=2 需要额外的计算资源，特别是使用 SBOPT 或 DEPTH 的非默认值。

（4）接触能量（基于罚函数和基于约束）。

对于基于罚函数的接触，力的计算比较容易（罚刚度×位移，或多或少），能量（功）则是按节点计算的。

$$接触力×节点位移=接触力×节点速度×时间步长$$

对于约束类型的接触，方法是一样的。区别在于，在基于约束的接触中，不直接计算力：调整主从节点的加速度（考虑到主从节点上的所有外力及其质量），使节点保持在一起。就接触计算而言，不需要计算主节点和从节点的实际接触力。但是，为了计算界面能，我们计算了它们上的净力。在接触之前，存储每个从节点和主节点的当前加速度，并在接触后计算每个节点的净力。

$$接触力=加速度的变化×节点质量$$

然后，这些接触力被用来计算能量，就像基于罚函数的接触一样。

1.14 极值筛选

在 www.lstc.com/sdb/356 中有以下说明。

单击（在 LS-PrePost 的顶部菜单栏中）Misc→Model Info→Summary Min 和 Max 指令，则应力、位移等的最小值和最大值可以用表格列出来。表中还列出了出现最小值或最大值的状态、零件和单元或节点。

在创建云图之后，可以通过选择 Range→Ident Max value 或 Range→Ident Min value 指令来高亮显示某个零件的最大值或最小值，并在云图中显示它们的 ID。

可以创建一个 FRINGE PLOT，它可以显示某个特定零件（如 x 应力）的最大值（或最小值），并一直显示所选零件或零件集中的单元。可单击 Fcomp→Stress→（选择一个变量）→Apply 按钮。

在选择应用之前，单击 Frin（在 Apply 按钮下），然后选择 XFrx（或 XFrn）。

这个云图对确定峰值响应的空间分布很有帮助。

随后使用 Range→No Average，以及 Output→Element Results 指令为每个单元生成一个峰值的 ASCII 文件，而不是为每个零件生成一个峰值列表。

还可以创建一个时间历程曲线，其中显示了在整个零件的每个时间点上特定的 component（如 x 应力）的最大值。可使用 History→Element→（选择一个 component）→Plot 指令。

在选择 Plot 之前，单击 Value: Elm（位于 component 列表下），选择最大值（或最小值），然后选择一个零件并单击。

这个时间历程曲线对于确定单个零件内峰值响应的时间变化很有用。

在历程曲线上，列出了单元 ID、峰值和峰值的时间。

选择 Max/Print 或 Min/Print（而不是 Max 或 Min）也会执行相同的操作，但是 lspost.msg 文件将包含对于曲线中的每个数据点的时间、最大/最小值、单元 ID 和零件 ID。

示例：

通过 LS-PrePost 读取 d3plot 中的内容并选择以下内容，可以创建一个节点位移峰值与时间的 ASCII 文件：

```
Fcomp
Frin (3rd button from bottom); change from Frin to XFrn
Ndv (right below highlighted "Stress" button)
result displace
Apply
Output    (2nd button down from top, right under "Follow")
Nodal Results
Current
Write
```

输出文件后，退出 LS-PrePost 并重新运行程序，然后继续执行以下步骤。

在任何时间，都可以通过选择来确定在任何状态下具有最大位移的节点：

```
Fcomp > Ndv > result displace
```

最大位移在云图的左上角。只需使用"+"按钮即可逐步了解不同时间下的结果。

1.15　dynain 文件的作用

在使用 LS-DYNA 求解时可以输出多种 dynain 文件格式，如二进制格式、十进制格式和 lsda 格式。dynain.lsda 包含了质量和速度的信息。

使用 dynain 可以初始化 mortar 接触类型的接触力，其他接触类型目前不支持。

使用 *interface_springback_lsdyna 中的 CFLAG 输出接触状态可能非常重要，特别是绑定接触。设置 CFLAG=1，将输出 Mortar 接触（包含 tied、tiedbreak、tied weld 的 mortar 接触类型）的主从绑定段，必须使用 LSDA 格式（FTYPE=3）才能在随后的分析中恢复接触状态。在分析过程中，接触编号和构成面段的节点编号不能改变，求解器的版本和 CPU 数量可以改变，接触类型也可以改变，例如将 tied weld 改为 simple tied。如果在分析过程中零件或单元被删除，而被删除的零件或单元涉及 dynain.lsda 文件中的面段，则这些面段会自动被忽略。这种灵活性在多阶段分析中很有吸引力，因为在工业仿真中经常出现。

　　*interface_springback 卡片有一个功能可以将所有节点的信息写入 dynain 文件，而不仅是指定零件的节点。一些或很多的节点可能是未被引用的，这就需要用户必须使用 LS-PrePost 清理模型去掉没有关联的节点。将新的可选择卡片 1 中的第 10 列设为"1"，如下所示：

```
*interface_springback_lsdyna
$#      psid      nshv      ftype      ftensr      nthhsv      intstrn
        100        0         0          0           0           0
c          1     <--- 添加这一行
```

　　第一列为字母 c，这个标示将使 LS-DYNA 求解器将所有节点写入 dynain 文件，而不是只属于 SPH、solid、thick shells、thin shells、beams 的节点。

　　（1）dynain 文件的使用介绍。

　　第 1 次分析：

　　根据用户手册的要求，在输入文件中添加*interface_springback_lsdyna 卡片。添加该卡片，会使 LS-DYNA 求解器在计算终止时写出 dynain 文件。dynain 文件包括了一系列的卡片，如产生的变形、更新的壳厚度以及单元的历史变量（应力、塑性应变和其他选项）。

　　第 2 次分析：

　　根据第 1 次分析的结果进行初始化。在输入文件中，使用*include 卡片，调用上述提及的 dynain 文件。因为 dynain 文件包含了节点和单元的数据，所以需要从第 2 次分析的输入文件中删除与 dynain 文件中编号重复的节点和单元数据。

　　（2）dynain 文件使用的注意事项。

　　① 某些材料类型，其*MAT 中有 REF 参数，使用这些材料模型的单元不能通过*intail_stress 进行初始化。这是因为它们采用完全拉格朗日算法。对于这些材料模型，可以使用*initial_foam_reference_geometry 进行应力初始化。dynain 文件里不包括该关键字，需要用户自行添加。

　　② 当使用热分析时，文件 new_temp_ic.inc 可以通过关键字*initial_temperature_node 进行节点温度初始化。

1.16　显式计算的时间步长

　　使用 LS-DYNA 显式求解器进行分析时，存在求解稳定性条件，即计算时间步长小于临界时间步长：

$$\Delta t \leqslant \Delta t_{cr}$$

　　临界时间步长计算公式为：

$$\Delta t_{cr} = \frac{2}{\omega} = 2 \times \sqrt{\frac{m}{k}} = \frac{L}{C}$$

其中，L/C 是一个弹性应力波传递过该单元的时间；C 是声速；m 是质量；L 是单元的特征长度；ω 是频率；k 是刚度。

以下为各种单元的声速 C 的计算公式：

梁单元 壳单元 体单元

$$C = \sqrt{\frac{E}{\rho}} \qquad C = \sqrt{\frac{E}{\rho(1-v^2)}} \qquad C = \sqrt{\frac{E(1-\mu)}{(1+\mu)(1-\mu)\rho}}$$

1.17 质量缩放的原理

在显式分析中，时间步长受到单元尺寸和材料声速的影响。理论手册中讨论了这种关系，参见理论手册"Time Step Control"部分。

粗略地说，时间步长与（单元尺寸/声速）成正比，因此，可以看到较小的单元尺寸会减少时间步长。

材料声速与 $1/\sqrt{密度}$ 成正比，因此可以看到质量（=密度×体积）如何影响时间步长。

时间步长越小，完成分析所需的步数就越多，更多的时间步长意味着更长的计算时间。

质量缩放背后的思想是通过在相应位置增加非物理质量，以此来提升显式分析的时间步长。但是，必须小心使用这种方法。

传统的质量缩放是将非物理的质量添加到结构，以实现更大的显式时间步长的技术。

在动态分析中，任何时候添加非物理质量来增加时间步长，都会影响结果（请考虑 $F = m \cdot a$）。有时这种影响是微不足道的，在这种情况下，增加非物理质量是合理的。这种情况的例子可能包括在非关键区或速度较低、动能相对于内能峰值非常小的准静态模拟中，只有少数几个小单元增加质量。最后，需要由用户判断质量增加的影响，可能必须在第二次运行中减少或消除质量缩放，对比两次分析的结构，以评估结果对质量增加的敏感度。

可以通过人工手动增加零件的密度进行质量缩放。这种以手动的方式进行质量缩放与通过*control_timestep 中的 DT2MS 调用的自动质量缩放的方式是独立的。

当输入的 DT2MS 是负值时，只对那些时间步长小于 TSSFAC * |DT2MS|的单元进行质量缩放。通过增加这些单元的质量，它们的时间步长就等于 TSSFAC * |DT2MS|。TSSFAC 和 DT2MS 的无限个组合将产生相同的结果，因此具有相同的时间步长，但是这些组合的质量会有所不同。趋势是 TSSACF 越小，增加质量越大，稳定性可能会随着 TSSFAC 的减小而提高。如果 TSSFAC 为默认值 0.9，则模型出现不稳定，此时尝试使用 0.8 或 0.7。

当同时使用 SOFT=2 的接触和质量缩放时，最好在*control_contact 卡片或*contact 卡片中定义 PSTIFF=1。

要确定计算过程中 LS-DYNA 在何时何处自动增加质量，需要输出 GLSTAT 和 MATSUM 两个文件。使用这两个文件可以分别将全部模型和单独的零件进行质量增加与时间关系图的绘制。当设置 DTM2MS 为负时，为了生成由壳单元组成零件的质量增加云图，在 *database_extent_binary 卡片中设置 STSSZ=3。可以使用 LS-PrePost 绘制每个单元的质量增加云图，通过设置 Post→FriComp→Misc→Time Step Size 实现（这里的标签 "Time Step Size" 实际上是单元增加的质量）。

当设置 DT2MS 为负时，通过*database_extent_binary 中的参数 MSSCL 设置对输出内容类型的选择。当 MSSCL=1 时，输出节点质量增量；当 MSSCL=2 时，输出节点质量的增加百分比。这适用于任何单元类型。在 LS-PrePost 中，通过设置 Post→FriComp→Misc→mass scaling，可以绘制节点增加质量或节点增加质量百分比云图。

在*control_timestep 中的参数 DT2MS 可以定义为正或负，它们的区别如下。

DT2MS 定义为负：初始时间步长将不小于 TSFF*-DT2MS。只有时间步长小于 TSSF*abs(DT2MS)的单元才进行质量增加，这意味着质量缩放是合理的，推荐这种方法。使用这种方法引起的质量增加总量是有限的，过多的质量增加会导致计算终止。

DT2MS 定义为正：初始时间步长将不小于 DT2MS。单元的质量将增加或减少，所有单元的时间步长都是相同的。尽管这种方法不会因为过多的质量增加而使计算终止，但这种方法是不合理的。

*control_timestep 卡片中的 MS1ST 参数对质量增加进行控制。当 MS1ST=1 时，仅在初始化过程中进行质量增加；当 MS1ST=0 时，在需要保持通过 DT2MS 指定的时间步长的任何时间步都进行质量增加。

*control_termination 卡片中的参数 ENDMAS 可以实现当质量增加达到特定数值时终止计算。

如我们所讨论的，传统质量缩放的概念非常简单，类似于仅对时间步长小于|DT2MS|*TSSFAC 的单元增加密度。另一方面，选择性质量缩放（SMS）并不是简单地以传统的质量缩放方式增加质量。它的目的是提供一个比传统质量缩放更符合实际物理意义的动态解决方案，但它也有缺点。选择性质量缩放对 CPU 和内存要求更高。选择性质量缩放要求在每一个时间步上求解一个方程组，质量矩阵不再是对角的。存储非对角质量矩阵需要额外的内存，需要占用额外的 CPU 时间，系统需要迭代求解。

定义*control_timestep 卡片中的参数 DT2MS 和 IMSCL 可以调用选择性质量缩放。选择性质量缩放可以应用于模型的所有零件（IMSCL=1），也可以应用于指定零件集（IMSCL<0，且 abs(IMSCL)=part set id），为了提高计算效率推荐使用选择性质量缩放。如果仅对零件集应用选择性质量缩放，那么其余的零件仍然应用传统质量缩放。

对于进行旋转的系统，请参考*control_timestep 卡片中的可选变量 RMSCL。当选择性质量缩放的变形体与刚体共节点时，请将*control_rigid 卡片中的参数 RBSMS 设为 1。理论手册中有更加详细的说明。

关于输出：

LS-DYNA 不会输出 SMS 实际增加的质量，因为该值在每个时间点不能被精确量化。

glstat 文件仅输出了低频质量增加，也就是传统质量增加。

matsum 文件中的质量增加包含了传统质量增加和选择性质量增加的上限。

类似于 matsum 中的质量增加数据，当定义 MSSCL=1 时，包含了传统质量增加和选择性质量增加上限的结果将写入 d3plot 文件中。

注意，ALE 部分的质量缩放受到*control_ale 卡 3 上的 IMASCL 的影响。

当我们选择不增加质量到 ALE 单元［IMASCL=0（默认）］，而是对拉格朗日单元进行质量缩放（DT2MS<0）时，实际时间步长将为>= tssf*|DT2MS|，即使 ALE 单元时间步长最小值低于这个阈值。这可能会导致模型不稳定，d3hsp 会写入警告信息，建议 IMASCL=3。

设置质量缩放参数随时间进行改变：

通过*control_timestep 卡片中的参数 DT2MSLC 定义的曲线可以指定质量缩放参数随时间变化。当 DT2MSLC>0 时，程序将忽略 DT2MS 的值。基于质量缩放的单调递增曲线在某些分析的前期是有帮助的，某些分析的前期被惯性效应所控制时，不能进行过多的质量增加，此时过多的质量缩放可能会影响响应。在这种情况下，可以使用 0 或较小质量缩放的时间步长来定义曲线，直到动态仿真结束，然后输入非 0 或较大的质量缩放时间步长，来加快计算缩短所需的计算时间。

 质量增加会导致能量比上升。

 实际比理论需要增加更多的质量，这样对模型更为安全，这是基于经验的刻意而为。如果只考虑理论的质量增加，碰撞模型将会变得不稳定。相对于壳单元，体单元的质量增加的安全因子可以小一些。

使用*control_timestep 卡片中的 DT2MSLC 参数定义的曲线控制质量缩放时，通过对体单元和壳单元质量缩放的对比可以发现，壳单元一直使用最大比例的质量增加，而体单元每个循环都会对质量缩放重新进行计算。总之，这可以被认为是有意为之。

在小型重启动中，DT2MS 可以被改变。可以看出时间步长和质量增加会随着 DT2MS 的改变而变化。

时间缩放是显式分析中用于减少运行时间的另一种技术。在这里，可以将加载速率提高 10 倍或 100 倍，并将终止时间降低相同的倍数。在某种程度上，如果你的目标是得到准静态解，那么你可以使用这种方法。

1.18　MPP 基础知识

首先，在运行 LS-DYNA 的 MPP 求解器程序之前，系统需要安装 MPI。

其次，在 www.lstc.com/download 网址下载系统要求的 MPP 求解器程序。

参考用户手册附录中的"LS-DYNA MPP User Guide"，也可以参考下列文章：

http://ftp.lstc.com/anonymous/outgoing/support/FAQ/mpp.getting_started

http://ftp.lstc.com/anonymous/outgoing/support/FAQ/mpp_bind_to_core

LS-DYNA 支持两种并行计算的模式，分别为 SMP 和 MPP。LS-DYNA 可执行程序的名称清楚地显示了是 SMP 还是 MPP。

对于使用超过 6～8 核进行计算的大模型，推荐使用 MPP 求解。MPP 也能用于小模型求解，并指定相应的计算核数（即使只有 1 核也可用）。

通常，MPP 中的接触算法更为高级。

MPP 需要在系统中安装一个 MPI 或信息传递接口（例如，Platform MPI、Open MPI、Intel MPI 等）。

MPI 软件和动态库需要安装在本地机器上，且 LS-DYNA 程序可以引用它们。

MPP 计算时任务的目录是在本地计算节点还是管理节点都可以，如果集群有 NFS 网络和 IB，那么系统就可以在 NFS 磁盘上运行。但是为了获得最佳性能，我们建议使用本地磁盘。

1.19 RBE2 相关数据的含义

LSTC 的文档中没有关于 d3hsp 文件中输出的 RBE2 相关信息的具体说明。有些工程师对 RBE2 输出的相关信息存在以下疑问，如图 1-4 所示。

```
*** Warning 30014 (INI+14)
    rigid body number 11000069 has a principal inertia
    at least 4 orders of magnitude apart:
①   min= 4.5475E-13
    max= 1.5212E-05
    the min is scaled to 5% of the maximum

*************************************************************

m a s s   p r o p e r t i e s   of nodal rigid body ID    11000069
    1st node in nodal rigid body=      14754995
    2nd node in nodal rigid body=      14755136
    mass of nodal rigid body   = 0.12987152E-05
    x-coordinate of mass center = 0.33544426E+04
    y-coordinate of mass center = 0.46912531E+03
    z-coordinate of mass center = 0.13222697E+03

    inertia tensor of nodal rigid body
    row1=    0.2017E-04    -0.4692E-05    -0.7691E-06
②   row2=   -0.4692E-05     0.1063E-04    -0.1879E-05
    row3=   -0.7691E-06    -0.1879E-05     0.2178E-04

    principal inertias
    i11 =    0.2209E-04
③   i22 =    0.8397E-05
    i33 =    0.2209E-04

    principal directions
    row1=    0.6946E+00     0.3746E+00     0.6142E+00
④   row2=   -0.1697E+00     0.9150E+00    -0.3660E+00
    row3=   -0.6991E+00     0.1500E+00     0.6991E+00
```

图 1-4   d3hsp 文件中输出的 RBE2 相关信息

（1）位置①，有些 RBE2 单元会输出 Warning 信息，有些 RBE2 单元不会输出该信息。什么情况下 LS-DYNA 会输出位置①处的 Warning 信息？

（2）位置②，此处输出的惯性矩是相对 Rigid Body 的质心坐标系吗？如果是，该坐标系如何定义？

（3）位置③，此处输出的 Principal Inertias 最小值为什么不是零？所有绕轴线的转动惯量都应该为零。

（4）位置①和位置③输出的信息没什么相互矛盾。

（5）位置④的信息有什么含义？

关于问题（1），仅当某个 RBE2 的转动惯量小于 1e-4（不同版本求解器可能不同）时，才会出现 Warning 信息。

关于问题（2），位置②处输出的惯性矩是该 RBE2 相对整体坐标系的惯性矩，而不是相对其质心坐标系的惯性矩。

关于问题（3），位置③处输出的 Principal Inertias 是 RBE2 绕 Principal Directions 方向的转动惯量，而不是绕其坐标轴的转动惯量。

关于问题（4），如果 RBE2 的转动惯量非常小，则在计算时该 RBE2 的转动惯量会被重置，所以位置①输出的 Warning 信息中转动惯量是被重置后的结果。

关于问题（5），位置④输出的 Principal Directions 定义了 Principal Inertias 的方向，位置④处的三行数据代表 RBE2 质心的三个特征向量。

Note

1.20　d3hsp 文件中消耗时间的含义

在 LS-DYNA 计算终止后，查看 d3hsp 文件时可以发现整个计算过程中每部分计算所需的时间，如图 1-5 所示。

```
T i m i n g    i n f o r m a t i o n
                        CPU(seconds)   %CPU   Clock(seconds)  %Clock
--------------------------------------------------------------------
Initialization ....... 2.6970E+01      0.12    3.5810E+01       0.16
Element processing ... 1.3753E+04     61.48    1.3731E+04      61.46
Binary databases ..... 3.1106E+01      0.14    3.0839E+01       0.14
ASCII database ....... 1.2594E+01      0.06    1.2732E+01       0.06
Contact algorithm .... 8.0621E+03     36.04    8.0444E+03      36.01
  Interface ID 1000001 2.1955E+01      0.10    2.1510E+01       0.10
  Interface ID 1000002 1.1134E+01      0.05    1.1207E+01       0.05
  Interface ID 1000003 2.1274E+01      0.10    2.0590E+01       0.09
  Interface ID 1000004 1.1445E+01      0.05    1.1455E+01       0.05
  Interface ID  100600 5.6389E+01      0.25    5.8847E+01       0.26
  Interface ID  100601 1.5179E+01      0.07    1.4659E+01       0.07
  Interface ID 1000025 2.1665E+01      0.10    2.1910E+01       0.10
  Interface ID 1000026 2.4781E+01      0.11    2.5123E+01       0.11
  Interface ID  100602 3.8887E+01      0.17    3.9146E+01       0.18
  Interface ID 1000035 3.5821E+00      0.02    3.6321E+00       0.02
  Interface ID10000000 4.0919E+02      1.83    4.1379E+02       1.85
  Interface ID10000064 7.2319E+03     32.33    7.2350E+03      32.38
Contact entities ..... 0.0000E+00      0.00    0.0000E+00       0.00
Rigid bodies ......... 4.8574E+02      2.17    4.8735E+02       2.18
Implicit Nonlinear ... 0.0000E+00      0.00    0.0000E+00       0.00
Implicit Lin. Alg. ... 0.0000E+00      0.00    0.0000E+00       0.00
--------------------------------------------------------------------
T o t a l s            2.2372E+04    100.00    2.2342E+04     100.00
```

图 1-5　d3hsp 文件中输出的相关信息

其中每项含义如下：

● Initialization，初始化的时间；

● Element processing，单元计算的时间；

● Binary databases，二进制结果文件生成输出时间；

● ASCII database，十进制结果文件生成输出时间；

● Contact algorithm，接触计算的时间，其中列出了每个接触计算的时间；

● Rigid bodies，刚体计算的时间。

Initialization 是模型初始化所花费的时间。Element processing 是计算过程中处理单元所花费的时间。每个时间步在单元计算完成后，接下来是接触计算，然后是刚体计算。在 MPP 计算中，一般接触会分布在所有 CPU 计算中。例如，计算节点 2、3、4 已经完成了接触计算要进行刚体计算，此刻之后的计算用时被记入刚体计算的时间。但是计算节点 5 还在进行接触计算，在计算节点 5 接触计算完成前，计算节点 2、3、4 一直在等待，但这部分等待的时间被记入刚体计算时间。大部分的刚体计算时间都是由于接触分块不合适而导致的。

1.21 截面方向的意义及其坐标系和定义

问题：截面的方向有什么意义？截面输出的力的方向是全局坐标系还是局部坐标系？按照局部坐标系方向输出的截面该如何定义？

在整车碰撞分析中，我们经常通过*database_cross_section_plane 输出指定截面的截面力和截面力矩，以考察截面性能是否满足设计要求。

截面的方向：

（1）截面的方向由*database_cross_section_plane 的卡片 2 中的 XCT、YCT、ZCT、XCH、YCH、ZCH 来定义。该方向的定义决定了将要输出所截零件哪一侧截面的力和力矩，相当于将截面法线方向所指向的部分"删除"，输出"剩余"部分的截面在截面形心处的合力与合力矩。

（2）"剩余"部分截面的力与所"删除"部分截面的力之间是作用力与反作用力的关系，即大小相等、方向相反。

截面力输出的全局坐标系与局部坐标系的选择：

（1）当*database_cross_section_plane_id 第三张卡片中的参数 ITYPE 和 ID 均设置为默认值时，截面的力和力矩默认是在全局坐标系下输出的，与截面所定义的空间姿态没有关系。

（2）当*database_cross_section_plane_id 第三张卡片中的参数 ITYPE 和 ID 设置为非默认值时，提供三种定义局部坐标系的方法。

① ITYPE=0，ID 为刚体的 ID 号：使用刚体的坐标系来定义截面力输出的局部坐标系（*mat_rigid 中 LCO 局部坐标系或 A1、A2、A3、V1、V2、V3 进行 6 个向量定义）。

② ITYPE=1，ID 为加速度计单元的 ID 号：使用加速度计单元的坐标系来定义截面力输出的局部坐标系（*elemnet_seatbelt_accelerometer）。

③ ITYPE=2，ID 为坐标系的 ID 号：使用三节点定义的坐标系来定义截面力输出的局部坐标系（*define_coordinate_nodes）。

输出截面力的正、负：

当输出的截面力的方向与所选择的坐标系的方向相同时，为正；否则，为负。

1.22　将所有的 binout 数据一起进行后处理

问题：如果重启动的 binout 数据被写入与前面的 binout 数据不同的目录，那么是否可以将所有的 binout 数据一起进行后处理？

方法 1：如果用 l2a 程序来处理这些文件，则只需要将所有文件移动到一个文件夹并在命令行中指定即可，如下所示：

```
l2a *binout*
```

所有的 binout 数据都将被读入和处理。

注意：如果使用 LSDA 库运行自己的 LSDA 程序，则可以很容易地使用"lsda_open_many"功能，就像读入一个单独的文件那样来读入多个文件。

方法 2：如果使用 lsprepost，或者使用 lsda 库编写的程序，则下面是另外一种简单方法。LSDA 程序支持扩展，每个文件都是其他文件的扩展，类似于 d3plot01、d3plot02等文件（处理非常大的文件）。

默认情况下，如果某 binout 文件大于 1GB，则会在后面出现一个带%符号的三位数：binout0000、binout0000%001、binout0000%002 等。MPP-DYNA 读入文件时并不关心单个文件的大小，1GB 的限制是随意指定的。因此，当把_binout0000（重启动）改名为binout0000%001 时，可以直接读入 binout0000 来读取两个文件下的数据。

1.23　将特定的 ASCII 数据写入 binout 文件

每种类型的输出数据都由参与该类型数据的最低编号的处理器输出。例如，如果要输出"nodout"，那么只有输出数据到 noout 文件的处理器才会参与其输出，而编号最低的处理器（如 7）会将输出写入具有其编号的 binout 文件（在本例中为 binout 0007）。

因此，这类数据的数量取决于所需求的数据、用于运行问题的处理器数量及分解（哪些数据在哪里结束）。

当计算开始时，d3hsp 和屏幕上都会输出一些摘要信息，如下所示：

```
binout0000: (on processor    0)
rwforc
glstat
matsum
rcforc
sleout
binout0009: (on processor    9)
nodout
binout0012: (on processor   12)
deforc
```

```
binout0047: (on processor   47)
jntforc (normal)
```

随后创建的二进制输出文件，包含了与其对应 ASCII 文件相同的数据。一些 ASCII 文件实际上是几个部分的输出，如 elout，它是体单元、壳单元、梁单元等的输出，因此可以分成几个 binout 文件。jntforc（如上面的输出示例）与之类似（普通的运动副连接、弯曲-扭转或"通用"连接分别输出）。

此外，如果输出一系列的数据，则 binoutXXXX 文件将生成一系列名字为 binoutXXXX%001、binoutXXXX%002 的文件（每个文件大约 1GB）。

binout 文件以下画线（_）结尾：

当 LS-DYNA 在重启动计算时找不到存在的 binout 文件时，会在 binout 文件名后加一个下画线，如 binout 0000_。然而，即使在 binout 0000 存在的情况下也会自动创建 binout 0000_，这个问题在 R73513 版本得到了修复。

如果使用 l2a 程序来处理 binout 数据：

在 binout 0000 中有一些头数据，而不在 binout 0000_，可能会对 l2a 程序造成混乱。

解决方案非常简单：可以让 l2a 程序一次处理多个文件，所以可以用"l2a binout0000 binout0000_"，l2a 程序就可以处理所有的数据。

如果使用 LS-PrePost 来处理 binout 数据：

LSTC 可以把带有下画线的 binout 的下画线重命名替换为%001、%002 等。

重命名之后，LSTC 需要处理的系列文件就是 binout0000、binout0000%001、binout0000%002 等。

从 R85895 版本开始，LS-DYNA 不再创建以下画线结尾的 binout 文件，而是自动在 binout 文件后以%XXX 结尾。

ASCII 输出的位数：

改变现有 ASCII 文件的格式是完全不可能的，这会造成很多影响。

如果 nodout 和 elout 中需要更多的位数，那么用户应该通过双精度 LS-DYNA 来输出这些 binout 文件，并使用定制的 l2a 程序对数据进行后处理。

使用 LSDA 程序创建一个定制的 l2a 程序，其中 nodout 和 elout 写入语句被修改以输出尽可能多的位数，然后由用户决定如何读取这种非标准格式的 nodout、elout 文件。

LSDA 数据库格式有很好的文档记录，而 binout 格式也有文档记录。FTP 站点上的 LSDA.tar 安装包包含了直接读取 binout 文件并获得所有准确数据所需的所有源代码和文档。它包含 C 和 Python 库、示例代码以及 l2a 程序的完整源代码，它们可以被任意修改。

第2章

材 料 篇

选择合适的材料（本构）模型及材料参数是有限元模型建模中最重要也是最困难的一部分。非线性材料的数值模型常常随着不断的新研究而发展及更新。非线性材料属性往往很难获取，在文献中寻找相关材料数据可能会很困难。常规需要做专门的材料试验和逆向材料模型来获得材料参数。

学习目标

(1) 掌握材料曲线转换的流程
(2) 掌握复合材料的注意事项
(3) 掌握材料二次开发的一些知识点

2.1 统一单位制

LS-DYNA 需要定义统一单位制：

```
1 force unit = 1 mass unit * 1 acceleration unit
1 acceleration unit = 1 length unit / (1 time unit)^2
```

图 2-1 提供了一致的单位制换算示例。

以钢的密度和杨氏模量为参照，给出了各单位制下的密度和杨氏模量。"GRAVITY"是重力加速度。

MASS	LENGTH	TIME	FORCE	STRESS	ENERGY	DENSITY	YOUNG's	35 mph 56.33 kph	GRAVITY
kg	m	s	N	Pa	Joule	7.83e+3	2.07e+11	15.65	9.806
kg	m	ms	MN	MPa		7.83e+3	2.07e+05	0.01565	9.806e-06
kg	cm	s	1.e-02N			7.83e-3	2.07e+09	1.56e+03	9.806e+02
kg	cm	ms	1.e+04N			7.83e-3	2.07e+03	1.56	9.806e-04
kg	cm	us	1.e+10N			7.83e-3	2.07e-03	1.56e-03	9.806e-10
kg	mm	ms	kN	GPa	kN-mm	7.83e-6	2.07e+02	15.65	9.806e-03
g	cm	s	dyne	dy/cm2	erg	7.83e+0	2.07e+12	1.56e+03	9.806e+02
g	cm	us	1.e+07N	Mbar	1.e7Ncm	7.83e+0	2.07e+00	1.56e-03	9.806e-10
g	mm	s	1.e-06N	Pa		7.83e-3	2.07e+11	1.56e+04	9.806e+03
g	mm	ms	N	MPa	N-mm	7.83e-3	2.07e+05	15.65	9.806e-03
tonne	mm	s	N	MPa	N-mm	7.83e-9	2.07e+05	1.56e+04	9.806e+03
kg	mm	s	mN	kPa		7.83e-6	2.07e+08		9.806e+03
g	cm	ms		1e5 Pa		7.83e+0	2.07e+06		9.806e-04
mg	mm	us	kN	GPa		7.83	2.07e+02	1.56e-02	9.806e-09
ng	um	us	uN	MPa			2.07e+05		
ng	nm	us	nN	GPa			2.07e+02		
kgfs2/mm	mm	s	kgf	kgf/mm2	kgf-mm	7.98e-10	2.11e+04	1.56e+04	9.806e+03
lbfs2/in	in	s	lbf	psi	lbf-in	7.33e-4	3.00e+07	6.16e+02	386
slug	ft	s	lbf	psf	lbf-ft	1.52e+1	4.32e+09	51.33	32.17

图 2-1　单位制换算示例

```
1 slug = 1 lbf*s^2/ft
1 kgf =  1 kg * 9.806 N/kg = 9.806 N
1 kgf*s^2/mm = 9806 kg
```

在确定模型使用的单位系统后，必须将不符合此单位系统的单位进行转换，主要有以下几种方法。

1. 手动对单位制进行换算

● 1 力单位=1 质量单位×1 加速度单位。

- 1 加速度单位=1 长度单位 / （1 时间单位）^2。
- 1 密度单位=1 质量单位 / （1 长度单位）^3。

2．使用LS-DYNA转换模型的单位

LS-DYNA 模型中许多参数的单位使用手动换算的方法比较烦琐，如果需要转换的单位过多，有可能出现遗漏。可以使用关键字*include_transform 进行单位转换。这种方法适用于对整个文件进行单位转换，多用于 INCLUDE 文件的单位转换。

Card 4	1	2	3	4	5	6	7	8
Variable	FCTMAS	FCTTIM	FCTLEN	FCTTEM	INCOUT1			
Type	F	F	F	A	I			

使用*include_transform 中的 Card 4 可以方便地对质量、时间、长度、温度的单位进行转换。

2.2　单位制转换

借助*include_transform 中 Card 3 上的转换参数，可以完成将模型从一个单位制转换到另一个单位制。

单位制的转换例子：

```
$ 单位转换由 mm,kg,ms 分别转为 mm,t,s:
$        As Supplied      New Unit
$ Length  mm (millimeter)   mm (millimeter)
$ Mass    kg (kilogram)     tonne
$ Time    ms (millisecond)  s (second)
$ Force   kN (kiloNewton)   N (Newton)
$
$ 长度单位转换:
$ 由于长度单位保持不变
$ 因此, fctlen = 1.000
$
$ 质量单位转换:
$ 1 kg = 0.001 tonne
$ 因此, fctmas = 0.001
$
$ 时间单位转换:
$ 1 ms = 0.001 s
$ 因此, fcttim = 0.001
*KEYWORD
*control_termination
$#  endtim   endcyc    dtmin    endeng    endmas
```

```
     0.000          0       0.000       0.000       0.000
*include_transform
$# filename
ae-mdb_version_3.9_main.k
$#  idnoff     ideoff     idpoff     idmoff     idsoff     idfoff     iddoff
        0          0          0          0          0          0          0
$#  idroff
        0
$#  fctmas     fcttim     fctlen     fcttem    incout1
    0.001      0.001      1.000      1.000          1
$#  tranid
        0
*END
```

2.3　对同一材料不同应变率曲线的处理

LS-DYNA 对材料应变率的考虑方法有 5 种。

方法 1：Cowper-Symonds，动态的屈服应力是根据下列方程计算出来的。

$$\sigma_y = \left[1 + \left(\frac{\dot{\varepsilon}}{C} \right)^{\frac{1}{p}} \right] (\sigma_0 + \beta E_p \varepsilon_{\text{eff}}^p)$$

方法 2：指数定律，指数定律是使用下面的公式计算屈服应力的，参数 "n" 决定应变率的缩放大小。

$$\sigma = k \varepsilon^m \dot{\varepsilon}^n$$

方法 3：屈服应力是应变率的函数。

方法 4：定义一条曲线，表示静态屈服应力的缩放比例系数和应变率之间的函数。

方法 5：表格输入对应不同应变率的硬化曲线，输入一系列的应力-应变曲线（每一条曲线对应不同的应变率）。

针对 24 号材料有 3 种考虑方法，即上述方法中的 1、3、4。

● 方法 1：定义 C、P。

● 方法 3：定义 LCSS。

● 方法 4：定义 LCSR。

2.4　塑性模型的应力应变注意事项

只要试样的应力状态不变，下面给出的表达式就是可靠的。当开始出现局部颈缩时，这种条件不再成立。

首先，请确保单轴拉伸试验的试验数据是以真实应力与真实应变而不是工程应力或应变的形式表示的。

```
True strain = ln(1 + engineering strain)
True stress = (engineering stress) * exp(true strain)
= (engineering stress) * (1 + engineering strain)
```

在上述公式中，拉伸值为正，压缩值为负。

请注意，试验数据总是包含一定程度的误差，因此往往有些嘈杂或不稳定。使用 mat_24 时，应输入平滑的应力-应变曲线。输入嘈杂的实验数据可能会导致虚假行为，尤其是对于壳单元默认的 3 迭代平面应力塑性算法。

在使用材料模型 3、18、19 和 24 时，通过在*control_shell 中设置 MITER = 2，可以为壳单元调用完全迭代可塑性，这样也需要花费更多的计算时间。

在 LS-DYNA 塑性材料模型中定义的有效塑性应变值应为弹性卸载后残余真实应变的绝对值（去掉弹性应变段）。为了确保在初始屈服应力下有效塑性应变为零，需要对应力以改变曲线进行左移调整。

当用户使用初始屈服应力 SIGY 和切线模量 Etan 代替 von Mises 应力与有效塑性应变曲线的情况下（在*mat_piecewise_linear_plasticity/mat_024 中），Etan =（E * Eh）/（E + Eh）Eh 是冯·米塞斯应力与有效塑性应变曲线的斜率。

Etan 是双线性总真实应力与总真实应变曲线的屈服后的斜率。

LS-DYNA 对输入应变的范围的说明：LS-DYNA 可输入的应力应变为有效应力应变，理论上无限制，应力应变曲线在计算处理的时候会被默认离散化为 100 个点，所以建议应变不宜过大，实际应以材料特性为准。

2.5　超出曲线范围的处理方法

LS-DYNA 在计算超出范围的部分时，以曲线最后两点的趋势进行线性插值。

2.6　应力应变曲线走势计算精度的表达方式

问题：应力应变曲线走势对计算精度的影响，采用何种处理方式是 LS-DYNA 应用的最佳方式或推荐方式？

没有最佳表达方式，因为均为拟合。如果是钢材，拟合建议采用 power law 表达方式。如果是铝材，建议采用 voce 表达方式。

power law 表达式：

$$\sigma = k\varepsilon^n = k(\varepsilon^y + \varepsilon^p)^n, \ \sigma > \sigma_y$$

voce 表达式：

$$\sigma_y(\varepsilon^p) = a - be^{-c\varepsilon^p}$$

2.7 从材料拉伸试验到最终应用材料曲线的相关流程

从工程应力-应变曲线，转化至真实应力-应变曲线，再转化至有效应力-应变曲线。将工程应力-应变曲线转换为真实应力-应变曲线：

$$真实应力 = 柯西应力 = \frac{Force}{Current\ Area} = \frac{fl}{A_o A_c} = \sigma_e(1 + \varepsilon_e)$$

$$真实应变 = \frac{Change\ in\ Length}{Current\ Length} = \ln\left(\frac{l}{l_o}\right) = \ln(1 + \varepsilon_e)$$

再将真实应力-应变曲线转换为有效应力-应变曲线：

$$有效应力 = \sigma_{eff} = \sigma_{vm} = \sigma_{xx}$$

$$有效应变 = \varepsilon_{xx} - \frac{\sigma_{xx}}{E}$$

2.8 参数起作用的先后顺序对最终曲线的影响

问题：在曲线定义中，同时定义了曲线的偏置和缩放，是先偏置再缩放还是先缩放再偏置？两个参数起作用的先后顺序是否对最终曲线有很大的影响？

使用 *DEFINE_CURVE 可以定义一条曲线供用户使用，在某些情况下需要对曲线进行处理。

如果想要对曲线进行成倍数的放大或缩小，可以使用 SFA 对曲线的横坐标进行缩放，使用 SFO 对曲线的纵坐标进行缩放。

如果想要对曲线进行偏移，可以使用 OFFA 对曲线的横坐标进行一定量的偏置，使用 OFFO 对曲线的纵坐标进行偏置。

横/纵坐标值都是初始值，先进行偏置后，再进行缩放。

例如：曲线 C1 中定义了 OFFA=-0.1，SFO=2，表示曲线先沿 X 负方向偏置 0.1，然后将 Y 值整体放大 2 倍。

2.9 有效塑性应变

LS-DYNA 理论手册在对 mat 3 的描述中，有效塑性应变的特点如下：

● 采用等效塑性应变率的增量计算。

- 非负且单调增长。
- 当材料达到屈服即当应力状态位于屈服面时，有效塑性应变开始增加。

https://www.dynasupport.com/tutorial/computational-plasticity/the-equations-for-isotropic-von-mises-plasticity 在定义"等效塑性应变"时使用了与上述相同的公式。

因此，有效的塑性应变和等效塑性应变是可相互转化的，也就是说，它们是相同的。

有效塑性应变是一个单调增加的标量，它是作为变形速率张量的塑性分量(Dp)ij 的函数递增计算的。在张量表示法中，这表示为：

epspl = integral over time of (depspl) = integral [sqrt(2/3 (Dp)ij (Dp)ij)] dt（见 LS-DYNA 理论手册中关于材料模型 3 的描述中的有效塑性应变 d 的方程）。要理解该符号，请参阅本页 Summation Convention 的标题，即

http://www.brown.edu/Departments/Engineering/Courses/En221/Notes/Index_notation/Index_notation.htm
或者参见

http://ftp.lstc.com/anonymous/outgoing/support/FAQ_docs/tensor_notation.png for a screenshot

当材料屈服时，即当应力状态处于屈服面时，有效塑性应变就会增加。

相反，当*database_extent_binary 的 STRFLG 设置为 1 时，由 LS-DYNA 输出的应变张量值不一定是单调增加的，因为它反映了变形的当前（弹塑性）状态。若要用 LS-PrePost 画出应变张量的云图，请单击 Fcomp→Strain 命令按钮。

有效应变：

用张量表示的有效应变为 sqrt[2/3 (epsdev)ij (epsdev)ij]，其中 epsdev 是偏应变张量。这和有效塑性应变是不一样的。

LS-PrePost 中的有效应变计算如下：

```
tensor strains sx,sy,sz,sxy,syz,szx
mean strain p=(sx+sy+sz)/3
deviatoric strains dx = sx - p, dy = sy - p, dz = sz - p
aa = sxy^2 + syz^2 + sxz^2 - dx * dy - dy * dz - dx * dz
effective strain es=sqrt(4*abs(aa)/3)
es = sqrt(2.0*(sx^2+sy^2+sz^2)/3.0 + (sxy^2+syz^2+szx^2)/3.0)
```

给出的值仅小约 2%（不确定差异的原因）。

主应变为：es = sqrt(2.0*(s1^2+s2^2+s3^2)/3.0)

同样地，给出的值仅小约 2%。

对于包含电子元件的壳单元的示例可见 http://ftp.lstc.com/anonymous/outgoing/support/FAQ/effstrain.tar。

通过简单的一个单元的示例来说明各种应变计算，运行 http://ftp.lstc.com/anonymous/outgoing/support/FAQ_kw/mat24.cycle.k，然后画出 Z-应变、有效应变和有效塑性应变的时间历程曲线，如图 2-2、图 2-3、图 2-4 所示。

其他的应变可以在 LS-PrePost 中进行云图查看，但这些都是由 LS-PrePost 从节点坐标计算的，例如：

```
Fcomp > Infin  (infinitesimal or engineering strain)
Fcomp > Green
Fcomp > Almansi
```

注意，无穷小的应变会受到单元旋转的影响。

在张量中，有效应力为 sqrt[3/2 (sij)(sij)]，其中 sij 是偏应力。

```
sigvm = 1/sqrt(2) * sqrt[ (sigx-sigy)^2 + (sigy-sigz)^2 + (sigz-sigx)^2 +
6*sigxy^2 + 6*sigyz^2 + 6*sigzx^2 ]
```

或 `sigvm = 1/sqrt(2) * sqrt((sig1-sig2)^2 + (sig2-sig3)^2 + (sig3-sig1)^2)`

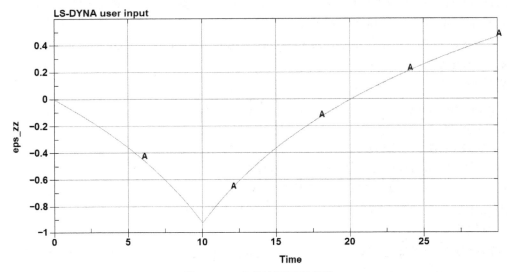

图 2-2 Z-应变时间历程曲线

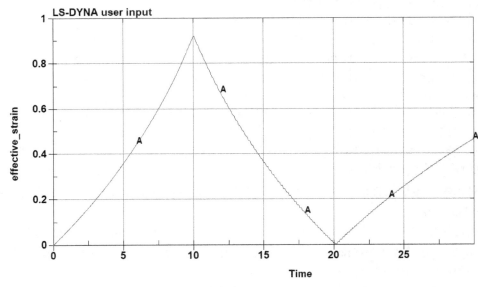

图 2-3 有效应变时间历程曲线

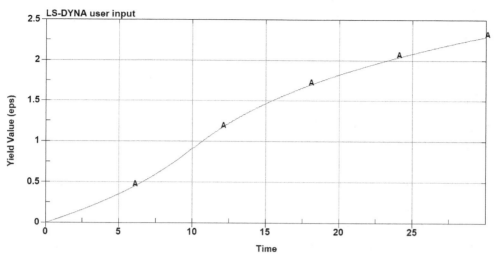

图 2-4 有效塑性应变时间历程曲线

2.10 EOS 状态方程

哪种 EOS 模型适合 mat 9 的实体单元？如何找到这种 EOS 模型？这些没有明确的答案，也不知道代码是否有限制，但是 mat 9 是适用于流体的，所以只会使用适合于流体（气体或液体）的 EOS。它通常是 EOS 1 或 EOS 4，你肯定不会将它与用于高能炸药（如 JWL、JWLB）或土壤（压实型 EOS）的 EOS 一起使用。

代码不会输出警告或错误消息，提示不允许将特定的 EOS 与需要特定 EOS 的材料配对这样的情况。

例如，考虑附件的 detcord.k，如果切换零件 1 使用 eosid 2，零件 2 使用 eosid 1，没有其他任何设置的修改，则大约 100 个周期后运行将失败。

没有 EOS 和材料模型之间的兼容性的检查，也不会记录 EOS 和材料模型的配对是否合理。

例如，你可以与 mat 9 使用点火和爆炸的 EOS，即使它是一个爆炸的 EOS，因为它不需要 mat 8 的燃烧状态。

有很多可行的组合（不推荐组合，除非你真正知道自己在做什么），将所有的可能测试放在文档中将是一项主要任务。

添加新关键字*initial_solid_volume，以避免在具有 EOS 的材料中因绑定接触而产生意外的静水压力。

当使用连续体单元建模时，某些材料模型需要定义状态方程 EOS，这是使用关键字*EOS_option 和在*PART 中通过 EOSID 变量来完成的。

有关何时需要 EOS 的详细信息，请参阅用户手册*MAT 部分的 MATERIAL MODEL REFERENCE TABLES 表。在该表中，有一个名为 EOS 的列，如果该列中出现"Y"，则对应的材料在与实体单元、壳算法 13/14/15 或厚壳算法 3/5/7 一起使用时需要一个状态方程。

有关状态方程的更多信息，请参见用户手册的*EOS 部分。

在某些情况下，为了准确地模拟材料的行为需要 EOS。EOS 通过计算压力作为密度、能量和/或温度的函数来确定材料的流体静力或体积特性。需要 EOS 的情况是应变率非常高，材料压力远远超过屈服应力，以及冲击波传播。当然，这些现象是相互关联的。

EOS_LINEAR_POLYNOMIAL 或 EOS_GRUNEISEN 可能是非气态物质最常用的 EOS 形式。Gruneisen 参数适用于包括金属在内的许多材料。

总应力是偏应力和压力之和。

均应力(sig1 + sig2 + sig3)/3 等于压力。

本构模型不采用 EOS 则直接计算总应力。

在这些模型中，总应力的压力分量仅以体积应变为基础。例如，对于弹性材料，p = K * mu，其中 K 是体积模量，mu = rho/rho0 – 1。

需要 EOS 的材料模型只计算应力的偏分量，即强度行为，而 EOS 计算总应力的压力分量，即流体静水压力。

如果使用的是需要 EOS 的材料模型，那么可以通过使用*eos_linear_polynomial 并将 C1 设置为体积弹性模量= E/(3 * (1-2*PR))，将所有其他 C 项设置为 0 来实现简单的行为。

我们只在应变率较低或中等的情况下推荐这种方法。

汽车碰撞的应变率是中等的。

用户可以选择用户自定义的子程序来描述状态方程。这种用户自定义的子程序的模板包含在 dyn21b.f 文件中，参见用户手册中的附录 B 和命令*EOS_USER_DEFINED 的定义。

Zukas（1990, John Wiley and Sons）编写的 *High Velocity Impact Dynamics* 是一本研究材料在高应变率下的行为的好参考书。

约 50 种材料的 EOS 参数已经给出，在 *Equation of State and Strength Properties of Selected Materials*，Daniel J. Steinberg, Lawrence Livermore National Laboratory, 1991（Change 1 issued 1996），UCRL-MA-106439。

实验室禁止以电子方式发布这些，但在 Stephanie Black 实验室发给 jpd 的电子邮件中，允许客户以"硬拷贝"的形式分享。

关于 EOS_TABULATED_COMPACTION 和 EOS_TABULATED：

手册不是很详细，注释如下。

● eVi 项（曲线横坐标）表示 ln（相对体积），因此在压缩时为负。

● eVi = ln（相对体积）值应按降序排列，即首先是拉伸值（正值），最后是最大压缩值（负值）。

● 压缩时压力是正的。如果 gamma = 0，Ci 等于加载曲线上的压力。因此，Ci 应该有一个与 eVi 相反的代数符号。

当有 EOS 时，在*initial_stress 中给出的初始应力值被调整，使均应力（压力）与 EOS 一致，换句话说，

```
-(SIGXX + SIGYY + SIGZZ)/3 - stress adjustment = initial pressure from
EOS
```

或者

```
    stress adjustment = -(SIGXX + SIGYY + SIGZZ)/3 - initial pressure from
EOS
    actual initial sigxx = SIGXX + stress adjustment
    actual initial sigyy = SIGYY + stress adjustment
    actual initial sigzz = SIGZZ + stress adjustment
```

可参见 http://ftp.lstc.com/anonymous/outgoing/support/FAQ_kw/mat16.initstress.k。

Zukas, J.A., *Intoduction to Hydrocodes*, Studies in Applied Mechanics, Vol. 49, Elsevier, 2004.

Davydov, B.I., *Equation of State for Solid Bodies*, Report AD0600614, Foreign Techology Division Air Force Systems Command Wright-Patterson AFB Ohio, March, 1964.

Men shikov, G.P., *An Equation of State for Solids at High Pressure*, Combustion, Explosion, and Shock Waves, Vol. 17, No. 2, pp. 215-222, March, 1981.

关于 Gruneisen 状态方程的综述：

Mendoza, E., *The Equation of State for Solids 1843-1926*, European Journal of Physics, Vol. 3, pp. 181-187, 1982.

http://www.ccl.net/cca/documents/dyoung/topics-orig/eq_state.html

2.11　CTE 热膨胀系数的注意事项

CTE 的定义（有 3 种）如下：

（1）LS-DYNA 使用 CTE 的切线，下面（2）、（3）条情况除外。

（2）MAT_106 允许设置参数 LCALPH 为负值和定义 TREF，来使用 alpha-s（CTE 的割线）。

（3）MAT_255 也选择使用 alpha-s（CTE 的割线），而不是 alpha-t（CTE 的切线）。

在*mat_add_thermal_expansion 中实现了一个新的"orthotropic"选项，以便在任意正交异性材料上沿 a-b-c 方向定义不同的热膨胀系数（与*mat_021 相同的方式）。

2.12　有效应变过大的处理

问题：使用 mat24 材料模型模拟铸铝零件时（如汽车发电机），材料的失效按照有效塑性应变来定义，但在接触区域的有效应变过大导致失效，与实际不相符时怎么办？

这是因为铸铝零件在经受冲击载荷的过程中，主要产生压缩变形，从而导致产生的应变以压缩应变为主，在定义材料失效时主要应该考虑压缩应变的影响。而*MAT_24 中的 EPPF 参数的意义是单元应变达到 EPPF 时单元失效，此时单元应变指的是整体应变，而不对压缩应变与拉伸应变进行区别，所以在压缩应变达到 EPPF 时，单元就被删除，这与实际情况不相符。在仿真过程中需要选择其他合适的材料本构和失效准则模拟这种情况。

推荐使用*mat_81/*mat_plasticity_with_ damage_ortho 模拟铝合金材料的失效，MAT81_ORTHO 的应力-应变曲线如图 2-5 所示。

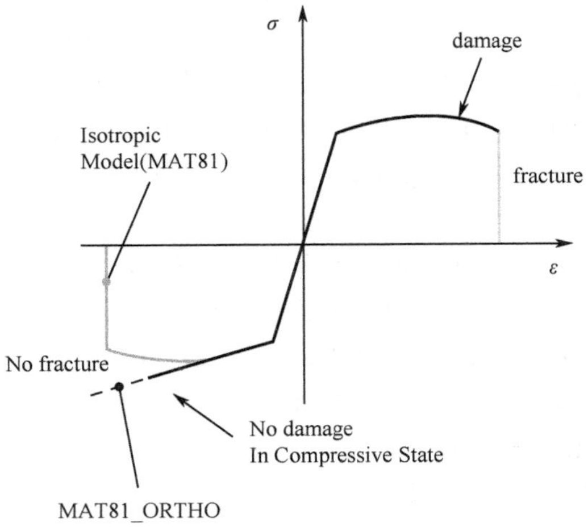

图 2-5　MAT81_ORTHO 的应力-应变曲线

*mat_plasticity_with_damage_ortho 材料本构定义材料失效时，若单元积分点任一主应变达到拉伸失效应变，则该积分点被判定为失效，若主应变为压缩应变，则该主应变不作为失效判定，即在判定单元失效时只考虑拉伸应变而不考虑压缩应变。

或者使用更复杂的 Gissmo 损伤模型。

2.13　VP=0 和 VP=1 的区别

*mat_24 中的材料模型提供了考虑应变率对材料性能影响的方法。

VP 可以控制考虑应变率的不同方法，VP 有 3 个选项，分别是-1、0、1。

当 VP=0 时，根据单元总体应变率（弹性应变率+塑性应变率）来确定当前材料的应变率；

当 VP=1 时，根据单元塑性应变率来确定当前材料的应变率。

在进行汽车碰撞分析时，所有材料（金属材料与非金属材料）均需考虑应变率对材料性能的影响。所以在使用*mat_24 材料模型进行模拟时，建议选择 VP=1，不仅可以增加计算的精度，还可以增加计算的稳定性。

2.14　DT 和 DT2MS 参数的区别和应用

焊点通常采用梁单元或者实体单元进行建模。这类单元尺寸较小，如果不设置*control_timestep，焊点单元会限制整体的时间步长。*mat_spotweld 中的 DT 参数和*control_timestep 中的 DT2MS 的作用都是对小于设定的单元增加其密度来达到提高时间步长的目的。*mat_spotweld 卡片中的质量缩放参数 DT 仅对焊点产生影响。如果没有通过*Control_timestep 调用质量缩放（DT2MS=0），且模型由可变形焊点控制时间步长，则DT 可用于在初始化期间向焊点添加惯性以便将时间步长增加到 DT 定义值。如果 DT 为非零定义，焊点单元的质量增加记录在 d3hsp 文件中。

（1）如果使用*control_timestep 中的 DT2MS，而不用*mat_spotweld 中的 DT，则焊点增加的质量会记录在模型的 added mass（可以在 d3hsp 文件中查看）中。尽管 d3hsp文件中记录的可变形焊点的质量增加百分比是假的，但下面的描述是正确的：

d3hsp 文件中的"added spotweld mass"；

d3hsp 文件中第 1 个时间步长后的"added mass"和"percentage increase"；

glstat 和 matsum 中的"added mass"。

（2）如果使用*mat_spotweld 中的 DT，而不用*control_timestep 中的 DT2MS，则焊点增加的质量是算在模型的 physical mass 中的，而不是记录在模型的 added mass 中。初始时间步长不考虑焊点的质量增加，但时间步长每个循环都会增加 10%直到达到正确的时间步长（考虑焊点质量增加的时间步长）为止。

（3）如果既使用*mat_spotweld 中的 DT，又使用*control_timestep 中的 DT2MS，则焊点先通过*mat_spotweld 中的 DT 增加密度，增加的密度同样加入 physical mass 中，然后剩下的时间步长仍比|DT2MS|小的，再进一步进行质量缩放使其时间步长等于|DT2MS|。由第 2 步焊点增加的质量记录在模型的 added mass 中。通常模型中有*control_timestep 中的 DT2MS，不需要再使用*mat_spotweld 中的 DT。推荐不要在一个模型中同时调用 DT 和 DT2MS 两种质量缩放准则。

2.15　复合材料的使用

有关层合壳理论的内容，请参见用户手册中*control_shell 的参数 LAMSHT。

要将厚度、材料模型和材料方向角分配给复合材料的各层，可使用*part_composite，它比*part + *section_shell + *integration_shell 要简单得多。

对于正交各向异性材料的壳，有 3 个坐标系需要考虑：全局坐标系、单元坐标系和材料坐标系。*element_shell_beta 的 BETA 参数和 B1、B2 等与*section_shell 的角度只影响材料坐标系。单元坐标系由单元的连接顺序决定（N1-N2 是 x 方向；z 方向是壳的法向）。

可以通过 LS-PrePost 读入关键字来查看壳的厚度和材料的方向。

若要以其厚度来显示壳单元，请单击 Appear→Thick→All Vis 命令按钮。

也可以通过 Fcomp→Misc→thickness 来显示壳的厚度云图。

对于层方向，可单击 Ident→Element→Mat Dir→All Vis 命令按钮。

可为给定的层（积分点）显示一个坐标系。

若要设置层（积分点）的数目，请单击 Setting→Axes/Surface→Surface: IntPt→Apply命令按钮。

关于输出：

如果*database_extent_binary 的 CMPFLG=0（默认），则

d3plot 文件：应力/应变位于全局坐标系下。

elout 文件：shell 中的应力/应变位于单元坐标系下（请注意 elout 文件中的"local"），N1-N2 是壳的局部 x 方向，壳的法向是局部 z 方向。

注意，*element_shell_beta 中的 BETA 不影响输出的 elout，也不影响云图和时程图，即使用户切换到 LS-PrePost 中的"local"也是如此。

如果 CMPFLG=1，复合材料的所有应力和应变输出都在材料坐标系下。

将"Glob/Loca"更改为"d3plot/Glob/Elem/Mtrl/User"。

第一个选项 d3plot，将直接使用 d3plot 中的应力，而不是由 LSPP 进行转换。

要使用其余 4 个选项中的任何一个，需要用户加载关键字模型，因为这是确保对模型系统进行正确转换的唯一方法。

复合材料的材料模型如下：

- 22   *mat_composite_damage
- 54   *mat_enhanced_composite_damage
- 55   *mat_enhanced_composite_damage

从 971 R3.1 开始可以对实体单元施加。

- 58   *mat_laminated_composite_fabric

在 dev R130659 版本之前只能用于壳单元，在此之后，开发了具有恒定刚度、无应变率因变量的基本 MAT_58 的实体单元。

- 59   *mat_composite_failure(_shell,_solid)_model
- 114   *mat_layered_linear_plasticity

DOES 使用层合壳理论的塑性模型。

- 116   *mat_composite_layup

不使用层合壳理论（对泡沫芯/夹层复合材料不合适）；

需要*integration_shell（允许每个积分点引用不同的 mat_2 常量）；

计算合力（不计算应力）。

- 117   *mat_composite_matrix
- 118   *mat_composite_direct

计算合力（不计算应力）；

输入刚度矩阵的 21 个系数。

- 117 号材料输入的材料坐标系下的刚度系数
- 118 号材料输入的单元坐标系下的刚度系数（减少存储要求）

- 158   *mat_rate_sensitive_composite_fabric

类似 58 号材料，但考虑了黏弹性应力的速率效应。

- 161/162   *mat_composite_msc

仅用于实体单元，适用于分层研究；

MSC 是材料科学，而不是 McNeal-Schwindler；

需要特殊许可证。

● 213　*mat_composite_tabulated_plasticity
正交异性弹塑性材料，与温度和速率相关；
可用于实体单元；
由亚利桑那州立大学开发。

● 215　*mat_4a_micromec
各向异性复合材料，特别是短纤维热塑性塑料（SFRT）和长纤维热塑性塑料（LFRT）。

● 219　*mat_codam2
实体单元、壳单元、厚壳单元；
来自不列颠哥伦比亚大学；
横向各向同性层组成的纤维增强复合材料的基于亚-层压板的连续损伤力学模型；
非局部平均选项。

● 221　*mat_orthotropic_simplified_damage
具有简化损伤选项和破坏选项的正交异性的复合材料；
仅用于实体单元；
定义了 9 个损伤变量，使损伤在拉伸和压缩方面有所不同，这些损伤变量适用于 Ea、Eb、Ec、G ab、Gbc 和 Gca；
9 个应变的失效准则可用。

● 236　*mat_scc_on_rcc
模拟碳化硅涂层的增强碳（RCC）、陶瓷基体，并基于准正交异性、线弹性的平面应力模型。附加的本构模型属性包括一个简单的（基于非损伤模型的）选项，它可以模拟拉伸裂纹的要求：张力中的"应力截止"，该选项通过限制拉应力而不是压应力来满足拉伸裂纹要求，并使拉伸"屈服"（应力-截止）完全可恢复，而不是基于塑性或损伤。

● 249　*mat_reinforced_thermoplastic
描述了一种增强热塑性复合材料。钢筋被定义为一种各向异性超弹性材料，其纤维方向可定义 3 个不同的方向。它既可用于单向层，也可用于机织和无卷曲织物。基体采用简单的热弹塑性材料模型。

● 261　*mat_laminated_fracture_daimler_pinho
实体单元、壳单元、厚壳单元；
仅适用于现在的 Dev 版本；
层合纤维增强复合材料的正交异性连续损伤模型。

● 262　*mat_laminated_fracture_daimler_camanho
实体单元、壳单元、厚壳单元；
仅适用于现在的 Dev 版本；
层合纤维增强复合材料的正交异性连续损伤模型。

● 293　*mat_comprf　(new in R10, see article in www.lstc.com/new_features)
对预浸渍（预浸）复合纤维在高温成型过程中的行为进行建模，除了提供应力和应变，它还提供成型过程后纱线的经向和纬向拉伸比。该模型主要应用于轻量化汽车零件的材料。

注意：

（1）第五届国际 LS-DYNA 用户大会（1998 年）上，Karl Schweizerhof 等人发表的论文 "Crashworthiness Analysis with Enhanced Composite Material Models in LS-DYNA - Merits and Limits"，对 LS-DYNA 中的几种复合材料模型给出了一些介绍，包括 MAT_54、MAT_58 和 MAT_59。

（2）如果*database_extent_binary 中的 CMPFLG（和 STRFLG）被设置为 1，应力（和应变）将输出在材料坐标系下而不是全局坐标系下。

（3）层间分层模拟。

一种方法是为每层复合材料建立一层壳或实体单元，并将这些层用 tiebreak 的接触连接在一起，如*contact_automatic_one_way_surface_to_surface_tiebreak 打卡选项 6、7、9（实体单元），或者选项 8、10、11（壳单元）。

此外，分层是通过 Sig-ZZ 来判断的，因此，我们在 v.970 中的壳单元不适合分层预测（在平面应力壳算法中，Sig-ZZ 为零）。

新的 "thickness-stretch" 壳仍然处于试验阶段，它们在预测分层方面的应用还没有得到证实。

当与实体单元一起使用时，mat_022 和 mat_059 包含分层破坏准则。

mat_161 使用实体单元可进行分层预测。

作为上述 tiebreak 接触的另一种选择，粘胶单元可以用来模拟层间的黏结。

Tabiei 博士开发了自己的基于微观力学的复合材料模型，其中包括分层效应。这些模型目前都不包含在 LS-DYNA 中。

（4）关于 mat_58。

拉伸应力随应变的增加而减小的速率取决于拉伸强度下的应变 ExxT，ExxT 值越大，应力下降越缓慢。

对于具有速率效应的 mat_058，请参见 mat_158。

ERODS 是单元层失效的最大有效应变，1 表示的是 100%的应变。

最新版本的用户手册指出：ERODS>0.0，假定材料体积不变，用有效应变超过 ERODS 来计算失效；ERODS<0.0，从全应变张量计算出的有效应变超过|ERODS|来计算失效。

在此详细说明一下：当 ERODS>0.0 时，根据两个平面内法向应变和平面内剪切应变计算的标量应变来评估 ERODS，计算中使用到的 3 个应变值可作为额外的历史变量 10、11 和 12 输出。

```
scalar strain = 2/sqrt(3) * sqrt[ 3*((eps1+eps2)/2)2 + ((eps1-eps2)/2)2 + eps42 ]

    where
    eps1 = hist var 10
    eps2 = hist var 11
    eps4 = hist var 12 = engineering (not tensorial) shear strain
```

在 971 版本中，这个标量应变是历史变量#15。若要获得写入 d3plot 的 15 个额外历史变量，需要在*database_extent_binary 中设置 NEIPS=15。

当 ERODS<0.0 时，Abs（ERODS）是根据一个标量应变来评估的，该标量应变更接

近传统定义的有效应变，该应变考虑了厚度方向的应变和横向剪切应变。添加这个选项是为了回应这样的观点，即历史变量 15 与 LS-PrePost 绘制的"有效应变"不一致。

当积分点的有效应变超过 ERODS 时，积分点就会失效，并且应力为零。单元直到所有积分点都失效后才会被删除。

无论 ERODS 是负值还是正值，它都将处于文献所描述的经典有效应变的大致范围内。我们认为一个基于任何标量应变量的失效准则只能提供一个真实失效的近似。如果你对使用 ERODS 作为失效准则感到不合适，请将其设置为一个非常大的值，以便禁用它。有几种基于应变的失效准则，你可以选择使用*mat_add_erosion。

（5）关于 mat_059（壳）中可用的额外历史变量：

```
hist variable # variable name in subroutine
"plastic strain" = ef  (tensile fiber mode)
1 = ec  (compressive fiber mode)
2 = em  (tensile matrix mode)
3 = ed  (compressive matrix mode)
6 = efail
7 = dam  (damage parameter)
```

（6）对于材料 22、54、55、58 和 59，所有的强度，包括抗压强度都应作为正数输入。

（7）关于夹层复合材料的自适应网格：在 R9.0.1 中添加了一个新的函数可对夹层部分的网格进行细化。上、下层为壳单元，中间层为实体单元。在*control_adaptive 中将 IFSAND 设置为 1。可应用于 8 节点和 6 节点实体单元，把应力和历史变量映射到新的单元上。

2.16　复合层压材料的后处理

问题：复合层压材料应该对哪些变量进行后处理，以确定铺层是否出现失效？

这取决于材料模型。对于 mat_54，与失效相对应的额外历史变量在用户手册中有详细说明。可将 NEIPS 设置为你希望写入的额外历史变量的数量（请参见*database_extent_binary）。

同样，对于 mat_54 的例子，如果你希望监视从 ef 到 dam 的所有历史变量，则需要将 NEIPS 设置为 6，而 MAXINT 设置为厚度方向积分点的数量。在 LS-PrePost 中，这些历史变量被称为 history var#1、history var#2 等。

2.17　失效复合材料模型的处理

问题：当使用包含失效的复合材料模型，如 mat22、mat54、mat55、mat58、mat59 时，是否输入一层或全部层的材料数据？

这些材料模型假设弹性常数和强度是从一个单层中推导出来的，其中纤维都沿着相同的方向运动（在用 mat58 模拟织物时，纤维的方向是相同的两个正交方向）。层数由积

Note

分点的数量决定。每个层的方向（通常）来自*section_shell 卡 3 上给出的 BETA 角。

不过，如果只具有由多层组成的组装的属性，则失效模型并不真正适用，因为该模型不知道纤维的方向。

Note

关于厚度扩展的壳，这些公式计算三维应力状态，并利用额外的"标量"节点来存储应变随厚度线性变化的两个附加自由度（见 971 用户手册中 *section_shell、*element_shell_dof 和*node_scalar 下的备注 7）。实际上，如果*element_shell_dof 的 Card 2 留空，程序将自动创建额外的标量节点。作为壳单元算法 25 和 26 的首选替代，使用壳单元算法 2 或 16，并在*section_shell 中设置 IDOF=3。壳单元算法 2 和 16 的厚度应变受接触应力的控制，这意味着可通过厚度应力来调节应变以平衡接触压力。如果 IDOF 未设置为 3，则壳单元算法 2 和 16 中的局部 z-stres 为零。

2.18　正交各向异性材料的常见问题

LS-PrePost 里加入了"Fiber Dir"，从代码中查看可以得出：只能用于 mat36、mat234 和 mat235，需要一起读入 k 文件和 d3plot。单元的前两个历史变量包含两个角度（用度度量），意味着需要输出至少两个历史变量到 d3plot，才能显示纤维方向。

纤维方向一是通过材料 x 轴和绕着壳单元法向旋转向量 histvar[0]得到的。纤维方向二用同样的方法，但是是绕着壳单元法向旋转向量 histvar[1]得到的。

LS-PrePost 中显示的材料坐标系是直角坐标系。它的方向基于输入文件在 $t=0$ 时刻被初始化，在计算过程中，根据单元坐标系的旋转而旋转。设置不同的*control_accuracy 的 INN 值，旋转的算法有区别。这样的材料坐标系用于 LS-DYNA 中所有的亚弹材料模型。

然而，如果使用了一个超弹材料模型，需要计算总应变/变形，材料坐标系会跟随材料（而不是单元坐标系），这意味着在变形状态中材料轴不需要是直角的。在 LS-PrePost 中显示材料坐标系时，没有考虑这种情况。另外，如果应力张量按照材料坐标系写到 d3plot 中（CMPFLG），LS-PrePost 也会在材料坐标系中显示应力，对于超弹性材料模型也是这样的。

LS-DYNA 中的壳单元应力更新计算是在单元局部坐标系中，不是全局坐标系。默认情况下，局部坐标系的 x 轴沿着 1-2 边。因此意味着，默认的单元坐标系会随着 1-2 边的旋转而旋转，材料坐标系也是绕着单元的 1-2 边旋转的。对于正交各向异性材料，这会引起单元往某些非物理的低能模态变形。

试想一个沿着试件方向是材料强轴的试件进行单轴拉伸实验。如果网格划分成单元的 1-2 边是沿着材料的弱轴方向（垂直于加载方向），很可能单元变形引起 1-2 边往加载方向旋转，以至于单元的能量更低。这当然会扭转单元从而产生应力和单元能量，因此 1-2 边不会旋转很大，但是由于任何有限的旋转都是错的，因此我们会得到一个错的分析和丑陋的网格。

不变的节点编号选项（*control_accuracy）用了一个不同的平均方法来定义单元坐标系的 x 轴。这个方法是：两个向量 eta 和 mu，在壳的平面分别由相对的壳边的中点连线组成。换句话说，eta 在一个方向上把一个单元一分为二，mu 在另一个方向上把这个单元一分为二。eta 和 mu 的一半是一个向量，叫作 eta+mu，单元坐标系的 x 轴是 45° 指向 eta+mu 的一边，而 y 轴方向是 45° 指向 eta+mu 的另一边。在一个矩形单元中，单元 x 轴平行于 N1-N2 边，在非矩形单元中，单元 x 轴不平行于 N1-N2 边。

不变节点编号选项定义了一个局部单元坐标系，当单元重编号时，单元坐标系正好旋转了 90°，因此节点号 1、2、3、4 变成了 2、3、4、1。

这种方法的一个明显优势是网格和材料变形是独立用于单元的编号的。对于正交各向异性材料，在面内剪切和沙漏变形时，单元坐标系旋转一致于变形。更重要的是，材料往非物理的低能模态变形的趋势被降低了。虽然不变节点编号选项对于各向异性材料给出了更好的结果，但也不是完美的，可以用于壳单元公式 1、2、5、7、9、10、11 和 16，不能用于壳单元公式 3、4、6 和 8。

在 LS-PrePost 中 "Local" 项指的是壳单元的局部坐标系，这个坐标系由单元的连接性决定，而不是输入文件中 *define_coordinate 定义的坐标系。节点 1 到节点 2 的向量（N1-N2），是局部坐标系的 x 方向，局部坐标系的 z 方向是壳单元的法向（N1-N2 和 N1-N4 的叉乘），局部坐标系的 y 方向是 z 和 x 的叉乘。

下面是定义材料坐标系的相关知识。

对于使用各向异性材料的壳单元，有 3 个选项可以用来定义材料轴的初始方向，AOPT=0、2 和 3（可见手册中 *mat_optiontropic 的 AOPT 部分）。在求解过程中，单元坐标系随着单元旋转和平动，所以可以认为单元坐标系和材料坐标系之间的角度不变。换句话说，材料坐标系始终是随着单元的旋转和变形更新的。因此在变形前的几何上定义材料坐标系是可以的。

对于这个讨论，材料坐标系被称为 a-b-c 坐标系，这个名字和用户手册里说的名字一致。对于壳单元，c 轴与单元法向共轴，a 轴在壳单元的平面上，b 轴由叉乘决定，b=c×a。事实上，对于翘曲单元，a 轴不在单元平面上，是在沿着 c 轴的投影上垂直于 c 轴。这个投影也是为了局部单元坐标系。

对于上一段讨论的原因，AOPT 中 3 个可用于壳单元定义 a-b-c 坐标系的选项都是用来定义 a 轴的。

对于 AOPT=0，a 轴假定与局部单元坐标系 x 轴一致。

对于 AOPT=2，a 轴定义为用户输入的向量 a，投影到单元表面。注意用户自定义的向量 d 不再使用；也注意用户自定义的向量 a，不等同于材料坐标系的 a 轴，除非 a 正交于单元法向。

对于 AOPT=3，a 轴定义为用户定义的向量 v 和单元法向的叉乘，如 $a = v \times c$。给予相同的输入向量，AOPT=3 定义的材料坐标系与 AOPT=2 定义的坐标系正好旋转 90°。

当正交各向异性材料使用 *element_shell_beta 时，材料坐标轴由材料输入中的 AOPT 选项定义的方向旋转单元中的 PSI 角度得到单元的参考方向。单元积分点上的材料坐标轴再旋转 *section_shell 中的 BETA 角度。总结：AOPT、*element_shell_beta 中的 PSI 和积分点的 BETA 角度共同定义积分点上的材料方向。

BETA 角度允许用户通过绕着法向量旋转一定角度来重定向材料坐标系，当使用材料 22、23、33、34、36、41～50、54、55、56、59 和 103 时，用户通过*section_shell 中的 ICOMP 参数和 B1、B2 等参数可以为每一层单元定义一个 BETA 角（厚度方向的每一个积分点）。可以使用*element_shell 中的 BETA 选项为每一个单元定义 BETA 角度。如果两个地方都定义了 BETA 角，BETA 角会相加。

对于材料 2、21、86 和 117，当 AOPT=3 时，对于所有的单元一个默认的 BETA 角可以使用材料模型中的 BETA 参数；但是当 AOPT=0 或 2 时不可以，*element_shell 中的 BETA 选项值会覆盖这个默认值。*section_shell 中的 ICOMP 参数不能用于这些材料模型，因此这些材料模型不能简单地用于层叠复合材料。

当使用*element_shell 的 BETA 选项时，理论上任意几何的任意材料方向都可以定义。然而，没有一个通用方法自动产生正确的 BETA 角。这些角度大多数需要手动计算，或者可能通过用户自定义开发的程序嵌入一个公式来描述某个区域内的材料方向进行自动生成。为了在材料坐标系上输出各向异性材料的应力和应变值，设置 CMPFLG=1（见*database_extent_binary）。这个参数影响壳单元、实体单元、厚壳单元的应力输出，包括 ASCII elout 文件、二进制 d3plot 文件中的结果。

对于正交各向异性材料，AOPT 只用来建立初始的材料坐标系，它对材料坐标系如何随着时间更新没有影响。

mat2 是个例外，这个材料模型用全 Lagrangian 公式，材料坐标系的更新基于单元坐标系的旋转。这对受单元连接影响比较大的实体单元（当实体单元发生剪切\扭曲时）可能是一个现实的问题（可以通过设置*control_accuracy 中的 INN=3 或 4 解决）。对于壳单元，使用*control_accuracy 中的 INN 消除材料坐标系受单元连接的影响。

默认情况下，局部单元坐标系的 x 轴是沿着节点 1 到节点 2，y 轴垂直于 x 轴和由节点 1、节点 2、节点 4 构成的平面，对于壳单元，z 轴沿着壳单元的法向。为了使单元局部坐标系不敏感于单元连接的节点顺序，通过设置*control_accuracy 中的 INN=2（壳单元）或者 INN=3（实体单元）引入不变节点编号。对于实体单元的不变节点编号，只在 970 版本或之后的版本中可用。

局部材料坐标系和局部单元坐标系是不一样的。这两个坐标系不需要重合，但是它们是用同样的方式来更新的。

对于 126 号材料，它的材料坐标系更新方式取决于所用的单元公式。单元公式 0 和 9 用了不同的方法。当单元发生大的剪切变形时，单元公式 0 更合适。

正交各向异性的弹性常数的说明可参见理论手册中的介绍，壳单元是平面应力单元，针对三维正交异性（实体单元）的理论不适用于壳单元。对于正交各向异性的壳单元，输入参数 EC、PRCA、PRCB 不使用；并且，在*mat_fabric 中，GBC、GCA 也不使用。

在 R11 和后续版本中加入了一个检查：实体单元的正交异性弹性参数对于壳单元无效。对于正交异性的壳单元，实现了一个不同的检查（Error 21413）。

运行 dev 版本时，在命令行中加上"msg=20397"可以显示出关于实体单元的正交异性参数更多的检查。

```
" Please modify values to give result in a positive value.
  1.0 - prab*prba - prbc*prcb - prca*prac - 2.0*prba*prcb*prac
```

```
这里，prab=prba*Ea/Eb,
      prac=prca*Ea/Ec,
      prbc=prcb*Eb/Ec  "
```

运行最新版本时，在命令行中加上"msg=21413"可以显示出关于壳单元的正交异性参数更多的检查。

对于 2D 壳单元的材料，为了保持数值稳定，材料常数 EA、EB、PRBA 必须输入，并且满足 PRAB*PRBA ＜ 1.0，这里，PRAB=PRBA*EA/EB。

2.19 塑料材料推荐采用的材料卡片类型

汽车上塑料材料的应用越来越广，塑料材料的力学性能不同于金属材料的力学性能，塑料材料有其独特的特点：

（1）弹性模量不是常数，而是应变率的函数，同时也是塑性应变的函数；

（2）在大应变时，真实应力-应变曲线的斜率增加很快；

（3）塑性硬化在拉伸、压缩、剪切工况各不相同；

（4）材料的失效应变与应变率相关；

（5）塑性材料会产生黏性应变。

现在还没有一种材料本构能够准确地模拟塑料材料的所有力学性能，仅为根据分析目的模拟塑料的某些特性。LS-DYNA 用以模拟塑料的材料本构如下：

（1）*mat_024/*mat_piecewise_linear_plasticity；

（2）*mat_123/*mat_modified_piecewise_linear_plasticity；

（3）*mat_124/*mat_plasticity_compression_tension；

（4）*mat_089/*mat_plasticity_polymer；

（5）*mat_101/*mat_geplastic_srate_2000a；

（6）*mat_187/*mat_samp-1。

国外一些汽车公司使用*mat_187/*mat_samp-1 材料本构模拟塑料材料进行 CAE 分析，该材料本构与试验结果吻合度较高，因此使用该材料本构模拟汽车塑料零件的材料性能。

*mat_samp-1 的性能如下：

（1）该材料本构用于模拟各向同性、内部无纤维加强的塑料；

（2）拉伸和压缩使用不同的屈服面；

（3）可以考虑基于应变率的材料失效；

（4）壳单元与体单元均可使用该材料本构；

（5）材料中使用的单轴应变并不等同于塑性应变；

（6）材料拉伸性能必须定义，压缩、剪切性能选择性进行定义，也可不定义。

① 若仅定义材料拉伸特性，与*mat_24 类似，使用 Von Mises 屈服面，仅需一条特性曲线；

② 若同时定义材料拉伸、压缩特性，使用 Drucker-Prager 屈服面，需要两条特性曲线；

③ 若定义拉伸、压缩、剪切、多轴材料特性，使用 Isotropic Quadratic 屈服面，需要多条特性曲线，如图 2-6 所示。

在 CAE 仿真中，应该根据实际的分析需要来选择合适的材料本构进行模拟。虽然使用*mat_samp-1 可以很好地模拟塑料材料的性能，但所需定义的参数众多，需要多次试验才能获取。如果是在塑料零件对整体分析结果影响不大（如整车碰撞分析中的塑料内饰件）的情况下，使用*mat_24 就可以很好地模拟材料特性；如果是在塑料零件对整体分析结果影响较大（如行人保护分析中的前蒙皮等塑料件）的情况下，可以考虑使用*mat_samp-1 来模拟材料特性。

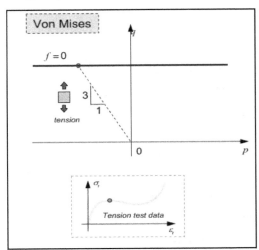

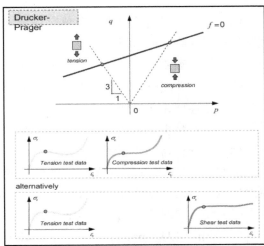

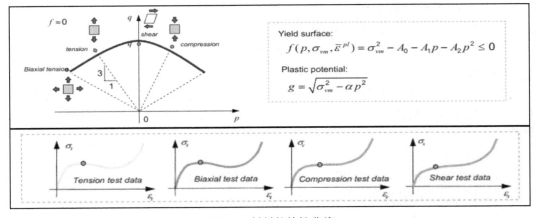

图 2-6　材料的特性曲线

2.20　模拟汽车座椅中的发泡

*mat_57（*mat_low_density_foam）材料模型用于模拟可以恢复到原始形状的低密度

泡沫，在汽车相关的 CAE 分析中经常用于模拟座椅坐垫、座椅靠背等使用泡沫材料的内饰件。该材料本构有如下特性：

（1）可以考虑热效应对材料的影响；

（2）应力-应变曲线有迟滞行为；

（3）拉伸行为是线性的，有拉伸截止应力；

（4）在拉伸阶段材料不会失效；

（5）通过*initial_foam_reference_geometry，可以进行应力初始化；

（6）使用该材料本构时，要注意 LCID、HU、SHAPE 几个参数的定义。其中：

① LCID 为材料的名义应力与应变的关系曲线，仅描述材料的加载过程；

② HU 与 SHAPE 用来控制卸载过程中的材料力学性能。

在材料试验时可以取单元尺寸的立方体形状发泡进行压缩试验，通过试验可以测得材料在加载、卸载过程中的名义应力与应变曲线。

从试验结果中可以轻易获取材料在加载过程中的应力-应变关系曲线，即 LCID。

由于卸载过程中的材料力学性能由 HU 与 SHAPE 来控制，因此需要我们对 HU 与 SHAPE 进行调整以符合材料的试验结果。HU 与 SHAPE 的确定过程如下。

（1）根据试验样件尺寸建立模型：

① 建立仅有 1 个六面体单元的模型；

② 约束六面体单元底面 4 个节点的 z 向自由度；

③ 在六面体单元顶部 4 个节点施加沿 z 负方向的强制位移。

（2）查看结果，描述六面体单元的应力-应变关系：

① 输出 ELOUT 文件，分别查看单元的应力-时间和应变-时间曲线；

② 合成上述两条曲线，生成单元的应力-应变曲线。

（3）调整卡片中的 HU 和 SHAPE，与试验对标：

① 对比仿真和试验在卸载过程中的应力-应变曲线；

② 调整 HU 和 SHAPE，使仿真结果与试验吻合。

2.21　混凝土材料的使用

在混凝土或岩石方面，SPG 可以作为拉格朗日或 ALE、SPH 的替代方法。

当对混凝土材料特性知之甚少时，可考虑 mat_072r3（相对于常规 mat_072 来说是首选）、mat_016 和 mat_159，这些都具有在无侧限抗压强度的情况下生成材料常数的选项。

R6.0.0 版本之后，mat_272 还具有自动输入材料参数能力，这些生成的参数被写入 R6.1.1 的 d3hsp 中。

关于"简单输入"的混凝土模型：对于我们所说的"简单输入"混凝土模型，如 mat_016、mat_072r3、mat_084/085、mat_159，可能会有一个重要的问题，就是这些模型中的每一个都应明确说明抗压强度值是否为圆柱形或立方体试样。

在上述材料中，只有 mat_084/085 使用的是立方体试样；MAT159 采用圆柱试样的无侧限抗压强度值。并且，2010 年 9 月 24 日，Serco 公司的马丁·布莱克利在谈到 mat_084/085 时说："由于混凝土的圆柱强度<立方体强度，所以通常使用前者。"

混凝土的速率效应：在高速下观察到的行为会导致人们高估混凝土中的应变速率效应。这种行为可能更多地归因于惯性效应，而不是物质的速率效应。

壳和梁单元：

在某些情况下，可以使用*mat_139 或*mat_191 的合力梁来对钢筋混凝土梁和柱进行建模。

关于混凝土积分梁，可使用*mat_195。

*mat_172/*mat_concrete_ec2 是包括热效应的壳和 H-L 梁单元的普通或钢筋混凝土模型。使用混凝土*mat_172 时，请参见*mat_203/*mat_hysteretic_reinforcement 作为用于定义钢筋的选项。

*mat_174/*mat_rc_beam 是一种适用于 H-L 梁的普通或钢筋混凝土模型，其循环效应对地震分析具有重要意义。

*mat_194（*mat_rc_shear_wall）可与壳一起用于模拟"剪力墙"或混凝土板。

实体单元：

材料模型 5、14、16、25、72、72r3、84/85、96、111、145、159、272 可用于混凝土的实体单元。

在用户手册中给出了 mat_145 混凝土的一些输入参数。

第三种盖帽模型 mat_159（*mat_cscm_concrete）对混凝土有一些内置参数。

如果知道混凝土的无侧限抗压强度，但没有其他必要的混凝土材料数据，则 mat_16（Mode 2）比较方便。

对于模式 IIC（B1 > 0），d3hsp 文件中的"effective plastic strain"和"effective stress"是不正确的。正确的应该是"damage (lambda)"和"scale factor (eta)"，如用户手册模式 IIC 所描述的那样。两者都是无量纲的。

对于模式 IIB（B1 = 0），卡片 4~7 的正确设置是"effective plastic strain"和"scale factor (eta)"。

只有模式 I 下，卡片 4~7 才是"pressure"和"yield (or effective) stress"。

*mat_072r3 也有一个"容易输入"的选择，这是基于无侧限抗压强度的（如果你对混凝土一无所知则这个是推荐的）。

*mat_072 适合于动力载荷，所以*mat_072r3 也具有相同特性。

关于 fc'和*mat_005：

对于*mat_005，使用用户手册中给出的屈服应力关系来绘制 sigy vs pressure。在该显示图上，加一条斜率为 3 的直线穿过原点。这条直线表示无侧限压缩试验的载荷路径。直线和屈服曲线相交处为 fc'。仅有 fc'是无法给*mat_005 提供输入参数的，*mat_016 可能是一个更好的选择。

*mat_096 可能不是一个通用型的混凝土模型。

*mat_084/mat_085 可以生成一个二进制数据，允许用户使用 LS-PrePost 对材料进行

裂纹查看。

　　*mat_25 和*mat_145 是岩土的盖帽模型。*mat_145 在数值上是光滑/连续的。

　　当损伤参数超过 0.99 时，*mat_145 的单元被侵彻。

　　如 LS-DYNA 用户手册中解释的那样，通过设置 Afit=Cfit=Efit=1.0 和 Bfit=Dfit=Ffit=0.0，可以关闭损伤。

　　用户可以设置 FAILFG=0（卡 5），这样失效的单元就不会被删除。

　　虽然上面这些是为 SPH&ALE 而开发的，但它似乎满足用户的需要：单元将保留，但它们的强度将为零。

　　Karagozian 和 Case (K&C) Concrete Model 混凝土模型的 Release III 为*mat_072r3 或*mat_concrete_damage_rel3，它具有基于混凝土无侧限抗压强度自动生成材料参数的能力。

　　*mat_273/*mat_cdpm/*mat_concrete_damage_plastic_model 的版本为 R7.0.0，该材料模型旨在模拟混凝土结构在动力荷载作用下的破坏情况。该模型以有效应力的塑性为基础，建立了基于塑性应变和弹性应变的损伤模型。

　　仅用于实体单元，但同时可用于显式和隐式模拟，当损伤被激活时，使用隐式求解可能会使收敛困难，IMFLAG=4 或 5 可能有用。

　　损伤和失效：

　　混凝土可能在拉力下（剥落、开裂）失效。

　　建立在大多数混凝土材料模型中的压力或应力截止可能足以在不删除单元的情况下考虑拉伸效应。

　　当混凝土在压缩中失效时，可以将失效的单元从模拟中去除。

　　在 v. 971 版本中，两个基于压缩的失效准则被添加到*mat_add_erosion 中。

　　这些准则是在卡片 1 的第 3 和第 4 个参数输入的：

　　3rd field: PMAX (max pressure) (fails if p > PMAX)

　　4th field: EPSP3　 (fails if min prin strain < EPSP3)

　　*mat_add_erosion 的卡 2 主要包含基于张力的失效准则。

　　如果单元满足*mat_add_erosion 指定的任何条件，则将删除该单元。

　　混凝土中的钢筋（rebar）：

　　材料 16、72、96 和 84 包括考虑加固（钢筋）的选项。另外，钢筋可以用离散的梁单元建模。

　　梁可能是：

　　① 与实体单元（共节点）合并；

　　② 使用可考虑黏结滑移的一维接触（*contact_1D）与混凝土单元进行绑定；

　　③ 和混凝土单元进行耦合。

　　*constrained_lagrange_in_solid（CSTYPE=2），*ale_coupling_nodal_constraint 或*constrained_beam_in_solid（可考虑梁的纵向滑移）。

　　在 R7.1.2 中加入了*constrained_beam_in_solid（CBIS），但只在 dev r94935（Hao，5/12/15）版本中包含了后续的 bugfix(es)。

　　此外，在 dev r98943 上，该能力扩展到 2～6 型梁。

Roger 在 r99215 中加入了*CBIS 的隐式功能。

请注意，对于两个关键字（*CBIS 和*CLIS ctype=2），隐式只支持 NQUAD=0。

隐式分析：

其他隐式软件（如 Abaqus、Adina 等）对于小非线性是可以接受的，但一旦涉及裂缝和软化，则只有显式能计算正常。

对于使用实体单元的混凝土的显式分析，我们经常使用 mat84（Winfrith）。我们为混凝土的壳和梁单元开发了我们自己的材料模型（mat_concrete_ec2, mat_172）。

当材料非线性程度很高时，任何隐式求解器都会变得不稳定（不会收敛），包括开裂、破碎、侵彻。这并不意味着你不能尝试。如果你使用的是隐式动力学而不是隐式静态，那么成功的可能性要大得多。

2.22　土壤材料

关于土壤材料的知识请访问网站 www.geomaterialmodeling.com。

也可参考文档 http://ftp.lstc.com/anonymous/outgoing/support/FAQ_kw/soil/civil_engineering_powerpoint_from_ARUP.pdf，文档里有介绍适用于土壤碰撞模拟的建模方法。

对土壤冲击问题的建模有多种解决方法。在所有解决方法中，主要挑战都可能涉及本构模型输入数据的获取。下面为土壤建模的方法介绍：

（1）拉格朗日有限元方法，或者带有材料侵蚀和网格自适应的 EFG 方法；

（2）ALE 方法；

（3）SPH 方法；

（4）具有键单元的 DES 方法，使用键模型（* define_de_bond）对土壤进行模拟；

（5）*define_adaptive_solid_to_sph 或*define_adaptive_solid_to_des 的混合方法。计算从实体拉格朗日单元开始，随着这些实体单元失效并被删除，它们将被 SPH（或 DEM）粒子替换。因此，质量得以保留，并且使用代表失效材料的粒子继续进行计算。

LS-DYNA 中可能适用于对土壤建模的材料模型有以下几种。

（1）mat 1：弹性材料。

如果变形很小（如在一些跌落冲击中），则可以合理地认为土壤行为是线性的。

（2）mat 5：mat_soil_and_foam。

这是一个非常简单的模型，具有取决于压力的屈服面和拉伸阈值，常用于侵彻分析。一些样本材料常数（未知土壤类型，仅供参考）如下：

```
*MAT_SOIL_AND_FOAM
$ English units: in, s, snails, psi
$      rho       G        K       A0       A1       A2      PC
1,1.589E-04,6.170E+05,1.110E+06,0.000E+00,0.000E+00,8.500E-02, -1.
$ pressure cutoff may have to be set high if Euler/ALE formulation used
0.000E+00
$ ln(V/V0)
0.000E+00,-5.600E-02,-0.100,-0.151,-0.192
```

```
$ pressure
0.000E+00,2.000E+03,3.200E+03,6.240E+03,1.060E+04
$ end
```

（3）*mat_soil_and_foam_failure：类似于 mat 5，但在达到拉力阈值后将不会承受张力。

```
$ Courtesy of Ala Tabiei
$ Antelope Lake Soil, Nevada,       mm,ton,sec,N,N/mm^2
$ very stiff silty clay over dense sand with occasinally gravel sand
$#     mid         ro          g       bulk         a0         a1         a2         pc
1 1.8740E-9 358.54999 1523.8199  0.158000   0.124000   0.024000  -0.150000
$#     vcr        ref
0.000       0.000
$#    eps1       eps2       eps3       eps4       eps5       eps6       eps7       eps8
0.000  -0.073000  -0.134000  -0.191000  -0.263000  -0.313000  -0.333000
-0.390000
$#    eps9      eps10
 -0.460000
$#      p1         p2         p3         p4         p5         p6         p7         p8
0.000   0.300000   1.200000   2.500000   4.990000   9.030000  15.030000
40.000000
$#      p9        p10
70.000000
```

（4）mat 16：pseudo_TENSOR。

该模型包括针对 Mohr-Coulomb 破坏面的选项。使用该模型进行弹丸侵彻土壤的示例（使用欧拉单元对土壤进行建模），请参见 http://ftp.lstc.com/anonymous/outgoing/support/FAQ_kw/soil/penetrator_vs_ale_mat16soil.k.gz。

（5）mat 25：mat_geologic_cap_model。

该模型仅限于两个应力不变量（J2 和 J1），因此不能表征岩石和混凝土的众所周知的特性，即岩石和混凝土的三轴延伸（TXE）较三轴压缩（TXC）弱。要考虑这一点，需要一个包含 J3 的三不变模型。mat 145 提供了由 Schwer 和 Murray 开发的三不变的平滑模型。

（6）mat 78：mat_soil_concrete。

（7）mat 79：mat_hysteretic_soil。

Richard Sturt 在 2010 年 5 月 6 日为 mat_079 添加应变率效果，在 2010 年 5 月 18 日推出关于 mat_hysteretic_soil 的一个新功能：可以输入所需的摩擦角，然后对屈服面进行缩放以实现准 Mohr-Coulomb 屈服行为。

（8）mat 80：mat_ramberg-osgood。

该模型可用于地震分析，描述土壤的简单剪切特性（基于经验并假定偏应力是不耦合的；压力是弹性的），通过滞后行为来耗散能量。

以下 3 种型号由 Aptek 开发或共同开发（联系人是 Yvonne Murray，yvonne @ aptek.com）。

（9）mat 145：mat_schwer_murray_cap_model。

（10）mat 147：mat_fhwa_soil, mat_fhwa_soil_nebraska。

（11）mat 159：mat_cscm。

第一种模型是连续表面地质帽模型，主要是增强型 145 号材料。

后两种模型均使用大致相同的光滑帽三不变塑性表面和黏塑性方式，以提高高应变速率下的强度。但是，在 mat 159 中增强了各向同性的破坏公式，以更好地模拟爆炸破坏的钢筋混凝土柱以及受车辆影响的混凝土结构（路边安全性）。因此，可能 mat 159 能够更好地模拟混凝土中的损伤。

mat 145 具有 mat 159 中没有的两个功能：①带有 Mie Gruneisen 状态方程的显式孔隙塌陷模型，用于基于 Rankine-Hugoniot 关系考虑非线性压力–体积应变，可使用此公式对炸药附近的土壤压实进行建模；②各向异性标量损伤模型。

下面的几个模型是由 Arup 开发的。

（12）mat 173：mat_mohr_coulomb (Release 3 of v. 971)。

可用于沙质土壤和其他颗粒状物料。

（13）mat 192：mat_soil_brick。

（14）mat 193：mat_drucker_prager。

（15）mat 232：mat_biot_hysteretic。

上述模型在土结构相互作用分析中用于模拟循环荷载作用下几乎与频率无关土壤的黏性行为。

沙土的黏聚力通常为零。可以使用 mat_173（*mat_mohr-colomb）或 mat_016 的 Mohr-Coulomb 屈服面选项对无黏性沙进行建模。

拉格朗日实体或 SPH 可以与任一材料模型一起使用。

DEM（离散元法）可用于粒状材料的建模，相关关键字为：

*element_discrete_sphere

*control_discrete_element

*define_de_to_surface_coupling

*define_de_active_region

孔压（pore pressure）：考虑了孔隙压力的土模型本构。如

mat_145 (developed by Len Schwer, Len@Schwer.net)

mat_147 (developed by Yvonne Murray, yvonne@aptek.com)

mat_159

mat_16 with eos_11 (*eos_tensor_pore_collapse)

此外，可以使用 PWP 系列关键字将孔隙压力添加到任何材料中。

*boundary_pwp

*boundary_pore_fluid

*control_pore_fluid

*database_pwp_flow

*database_pwp_output

*initial_pwp_depth

*mat_add_permeability

*load_added_pwp

文档 http://ftp.lstc.com/anonymous/outgoing/support/FAQ_kw/soil/BWalker_Jan2008.pdf 的第 65 页是孔隙压力的简要说明。

当缓慢加载饱和的粗颗粒土壤（沙和砾石）时，会发生体积变化，由于高渗透率，会导致多余的孔隙压力迅速消散，这称为排水加载。另一方面，当加载细颗粒的土壤时，它们会产生多余的孔隙压力，这些孔隙压力仍然保留在孔隙内部，因为这些土壤的渗透率非常低，这称为不排水加载。可以使用*control_pore_fluid 和*boundary_ pore_fluid 模拟排水和不排水的条件。也可以使用其他与孔隙压力相关的关键字。

2.23　添加公共块

添加一个公共块（common block）：用户可以在 dyn21.f 的 usercomm 中添加新的线程专用公共块。假定用户了解与 SMP（共享内存并行）编程有关的全局和线程专用公共块之间的区别。对于 SMP，必须在运行开始时初始化所有线程专用公共块。请参阅子程序 usercomm 中的注释。

传递给用户自定义材料子程序的是壳单元和实体单元的应变增量。

在 971 版中，它是壳体和实体的应变增量。

用户定义的材料子程序中的应力和应变所在的坐标系分以下几种情况。

（1）非正交各向异性实体单元：整体坐标系。

（2）非正交各向异性壳单元：单元局部坐标系。

（3）正交各向异性实体和壳单元：材料局部坐标系。

2.24　umat 程序的区别及 MT 参数

应避免使用 umat42 和矢量化程序 umat48v、umat49v，这些是特殊的、未记录的子程序，它们不在 dyn21.f 中，因此用户无法修改它们。除了这些，选择哪个 MT（从 41 到 50）都没有关系。所使用的 umat 子程序直接由 MT 和 IVECT 控制。如果将 IVECT 设置为 1，将调用 umat 子程序的"v"（矢量化）版本，例如，如果 MT = 41 和 IVECT = 1，则调用子程序 umat41v。

2.25　umat41 和 umat41v 的正确使用

矢量化的 umat 程序按组处理单元，而非矢量化的 umat 程序一次处理一个单元。你可能会想到，矢量化程序效率更高。每次矢量化的 umat 程序处理的单元数为"矢量长度"时，此矢量长度在文件 nlqparm 中给出，必须在 umatxxv 子程序中引入 nlqparm。在矢量化的 umat 程序中（如 dyn21.f 中的 umat41v），使用从 lft 到 llt 的 do 循环遍历正在处理的单元组。

2.26 常量的个数限制

各向同性材料最多为 48，正交异性材料最多为 40。为了获得更多的常数，可以对输入值进行硬接线，但这需要重新编译才能更改输入。

一种更好的方式是从一个辅助输入文件中读取输入数据，例如：

```
      if (hist(1).lt.0.1) then
c     ...read inital values for material
      open(11, file='material.ini')
      do 1 i=1,cm(1)
        read (11,*) cm(i+1)
1     continue
      close (11)
c     ...initialization done
      hist(1)=1
      endif
```

2.27 发送（错误）消息的标准方法

从材料子程序向标准输出文件发送（错误）消息的标准方法：
将错误消息写入 unit 59（messag）或 unit13（d3hsp）。

2.28 获取单元 ID 等

从用户定义的材料子程序中获取单元 ID、单元连接性、节点坐标等。
使用下面的函数可以返回节点 ID 和单元 ID：

```
Internal node or element ID = lqfint(a,b,c) where
Internal node or element ID = lqfint(a,b,c) where
a = external ID
b = data type:
  1 = node
  2 = brick
  3 = beam
  4 = shell
  5 = thick shell
```

```
c = returned error flag:
  0 = ID found
  1 = ID not found
Exteral element ID = lqfinvf(internal_element_ID,ityp)
c
c    ityp=2 solid
c    ityp=3 beam
c    ityp=4 shell
c    ityp=5 thick shell
External node ID = lqfinv(internal_node_id, 1)
```

2.29　查看用户定义的历史变量

在 970 之前的 LS-DYNA 版本中，umat 子程序中的第一个历史变量不会在 d3plot 数据库中存储为历史记录 var#1。存储位置取决于许多因素，如子程序是矢量化的还是非矢量化的、单元是壳还是实体等。

当使用矢量化子程序（例如，是 umat46v 而不是 umat46）和三维用户自定义材料（用于 3D 实体单元）时，无论用户定义的材料是否正交，都有 6 个历史变量自动用于转换矩阵的 6 个项。当材料是正交各向异性（IORTHO = 1）时，这 6 个变量是自动分配的，但是，当材料不是正交各向异性（IORTHO = 0）时，这些变量不是自动分配的，并且必须由用户定义的材料来分配输入。因此，如果你的材料使用 46 个历史记录变量，则需要设置 NHV = 52。要将 46 个历史记录变量写入 d3plot 文件，需要通过在 *database_extent_binary 上设置 NEIPH = 52 来输出 52 个额外的历史变量。

在进行后处理时，历史变量 1～6 为转换矩阵项。如果材料是各向同性的，则所有这些都将为零。后处理中的历史变量 7～52 在子程序中为历史变量 1～46。上面的规则对于 2D 材料（壳单元）有所区别，在这种情况下，仅存储两个转换项，因此仅需要多输出两个额外的历史变量。

970 以后的版本，不再需要为 NHV 分配额外的历史变量。如果材料是各向同性的（IORTHO = 0），则不会输出转换项，这样，用户子程序中的历史变量号将与 d3plot 文件中的历史变量号匹配。但是，如果材料是正交各向异性的（IORTHO = 1），则 6（或 2）个转换项将被写入 d3plot 文件，这时，用户子程序和 d3plot 文件中历史变量的编号将不匹配。

用户可以修改历史记录变量的最大数量（默认值为 142）。用户现在可以通过 nhisparm.inc 中的 NHISVAR 定义历史记录变量的最大数目。

2.30　标记单元为"失效"

下面的矢量化 umat 子程序说明了如何标记失效的实体单元和壳单元。注意代码中添加的公共块。

```
        subroutine umat41v(cm,d1,d2,d3,d4,d5,d6,sig1,sig2,
      . sig3,sig4,sig5,sig6,sigma,hist,lft,llt,dt1,capa,
      . etype,tt,temp)
c     . etype,tt,temp,nnm1)
c*******************************************************************
c| livermore software technology corporation   (lstc)          |
c| ----------------------------------------------------------- |
c| copyright 1987-1999                                    |
c| all rights reserved                                    |
c*******************************************************************
c
c    isotropic elastic material (sample user subroutine)
c
c variables
c
c    cm(1)=young's modulus
c    cm(2)=poisson's ratio
c
c    d1(i)=local x strain rate for solids (incremental strain for shells)
c    d2(i)=local y ...
c    d3(i)=local z ...
c    d4(i)=local xy ...
c    d5(i)=local yz ...
c    d6(i)=local zx ...
c
c    sig1(i)=total Cauchy stress in local x (shells)
c    sig2(i)=total Cauchy stress in local y (shells)
c    sig3(i)=total Cauchy stress in local z (shells)
c    sig4(i)=total Cauchy stress in local xy (shells)
c    sig5(i)=total Cauchy stress in local yz (shells)
c    sig6(i)=total Cauchy stress in local zx (shells)
c    For solids, replace sig1(i) with sigma(i,1), sig2(i) with sigma(i,2),
etc.
c
c    davg is the volumetric strain rate for solids
c    davg is the incremental volumetric strain for shells
c    p is the incremental pressure
c
c    hist(i,1)=1st history variable
c    hist(i,2)=2nd history variable
c       .
c       .
```

```
c      hist(i,n)=nth history variable
c
c     dt1=current time step size
c     capa=reduction factor for transverse shear
c     etype:
c       eq."brick" for solid elements
c       eq."shell" for all shell elements
c       eq."beam"  for all beam elements
c
c     tt=current problem time.
c
c
c     all transformations into the element local system are
c     performed prior to entering this subroutine.  transformations
c     back to the global system are performed after exiting this
c     routine.
c     all history variables are initialized to zero in the input
c     phase.  initialization of history variables to nonzero values
c     may be done during the first call to this subroutine for each
c     element.
c     energy calculations for the dyna3d energy balance are done
c     outside this subroutine.
c add failure for bricks and shells
      include 'nlqparm'
c C_TASKCOMMON (subtssloc)
  C_TASKCOMMON (failcmloc)
  C_TASKCOMMON (failuloc)
c     common/subtssloc/dt1siz(nlq)
c
      logical failur,failgl
      common/failcm/failur,failgl
      common/failcmloc/ifail(nlq)
      common/failuloc/sieu(nlq),fail(nlq)
      character*(*) etype
      dimension cm(*)
      dimension d1(*),d2(*),d3(*),d4(*),d5(*),d6(*)
      dimension sig1(*),sig2(*),sig3(*),sig4(*),sig5(*),sig6(*)
      dimension sigma(nlq,*),hist(nlq,*)
c
c     compute shear modulus, g
c
      g2  =cm(1)/(1.+cm(2))
      g   =.5*g2
```

```
c
c ========================================
c     internal element number ieint
c
c     do i=lft,llt
c     ieint=nnm1+i
cc     external element number ieext
cc
c     if (etype.eq.'brick') then
c       ieext=nelmntid(ieint,0)
c     elseif (etype.eq.'shell') then
c       ieext=nelmntid(ieint,2)
c     elseif (etype.eq.'beam') then
c       ieext=nelmntid(ieint,1)
c     endif
cc checking
cc
c     if(tt.le.1.e-8) then
c       print *,'internal elem # = ',ieint,'  external elem # =',ieext
c     endif
c     enddo
cc
c ========================================
c
      do i=lft,llt
      if (etype.eq.'brick') then
      davg=(-d1(i)-d2(i)-d3(i))/3.
      p=-davg*dt1*cm(1)/((1.-2.*cm(2)))
      sigma(i,1)=sigma(i,1)+p+g2*(d1(i)+davg)*dt1
      sigma(i,2)=sigma(i,2)+p+g2*(d2(i)+davg)*dt1
      sigma(i,3)=sigma(i,3)+p+g2*(d3(i)+davg)*dt1
      sigma(i,4)=sigma(i,4)+g*d4(i)*dt1
      sigma(i,5)=sigma(i,5)+g*d5(i)*dt1
      sigma(i,6)=sigma(i,6)+g*d6(i)*dt1
c check for brick failure
c use hardwired time-based failure criterion just for illustration
      if (tt.gt..0008) then
      sigma(i,1)=0.
      sigma(i,2)=0.
      sigma(i,3)=0.
      sigma(i,4)=0.
      sigma(i,5)=0.
      sigma(i,6)=0.
```

```
c ifail necessary to fail and delete a brick; not sure what fail does
      failur=.true.
      ifail(i)=1
      fail(i) =0.
      endif
c

      elseif (etype.eq.'shell') then
        gc    =capa*g
        q1    =cm(1)*cm(2)/((1.0+cm(2))*(1.0-2.0*cm(2)))
        q3    =1./(q1+g2)
        d3(i)=-q1*(d1(i)+d2(i))*q3
        davg  =(-d1(i)-d2(i)-d3(i))/3.
        p     =-davg*cm(1)/((1.-2.*cm(2)))
        sig1(i)=sig1(i)+p+g2*(d1(i)+davg)
        sig2(i)=sig2(i)+p+g2*(d2(i)+davg)
        sig3(i)=0.0
        sig4(i)=sig4(i)+g *d4(i)
        sig5(i)=sig5(i)+gc*d5(i)
        sig6(i)=sig6(i)+gc*d6(i)
c  check for shell failure
c  use hardwired time-based failure criterion just for illustration
c  Note that the failed shell element will only be deleted if IFAIL in
c    *MAT_USER... is set to 1.
c     if (ipt.eq.1) then
c     fail(i)=0.0
c     endif
      if (tt.gt..0007) then
      sig1(i)=0.
      sig2(i)=0.
      sig4(i)=0.
      sig5(i)=0.
      sig6(i)=0.
      failur=.true.
      ifail(i)=1
      fail(i)=0.
c     else
c     fail(i)=1.
      endif
c

      endif
      enddo
```

```
c
    return
    end
```

2.31 获取*define_curve 中定义的曲线数据

有两种方法。

方法 1：曲线在 LS-DYNA 程序内部沿横坐标重新离散、均匀分布了 100 个点，重新离散后的横坐标值存储在 crv（1～100，1，internal_curve_id）中，重新离散后的纵坐标值存储在 crv（1～100，2，internal_curve_id）中。crv（101，1，*）是相邻两个点的横坐标增量。*是内部曲线 ID，它等于 lcids（nint（id）），其中 id 是用户在 K 文件中定义的曲线 ID。

方法 2：要访问离散前的曲线数据，请参见子程序 loadud（v.970）中的注释。

```
c p   - load curve data pairs (abcissa,ordinate)
c npc - pointer into p. (p(npc(lc)) points to the beginning)
c      of load curve ID lc. npoints=npc(lc+1)-npc(lc)=
c      number of points in the load curve.
```

npoints 是为曲线存储的值的数量，其中每个点由横坐标和纵坐标两个值组成。p 数组中的曲线数据就是离散前的数据，它是用户输入的原始曲线数据，lc 是 K 文件中的曲线 ID。

umat 中的参数 plc 和 npc 与子程序 loadud 中的 p 和 npc 相同。

2.32 从 umat 子程序中获取壳厚度

子程序 umat 中有一个如何访问壳厚度数组的示例，在该程序中搜索"ns05"，可以搜到如下代码：

```
do i=lft,llt
    hsvs(i,ind_thick  )=a(ns05+9*(nnm1+i-1)  )
    hsvs(i,ind_thick+1)=a(ns05+9*(nnm1+i-1)+1)
    hsvs(i,ind_thick+2)=a(ns05+9*(nnm1+i-1)+2)
    hsvs(i,ind_thick+3)=a(ns05+9*(nnm1+i-1)+3)
enddo
```

壳的厚度数据在数组 a（ns05）中。指针 ns05 通过#include "bk05.inc"语句引入子程序中。Hughes-Liu 壳使用*section_shell 中的所有 4 个值，而 Belytschko-Tsay 壳仅使用第一个值，作为 4 个厚度的平均值。

2.33 获取初始密度和当前体积

初始密度用公共块/aux35loc/中的 rhoa（lft）表示（请注意，这个数组只有第一个值是有意义的）。公共块/aux43loc/中的 xm（nlq）给出了初始体积的倒数。公共块/ aux9loc / ... common / aux9loc / vlrho（nlq）中的 voln（nlq）为当前体积。

2.34 为超弹性材料编写 umat 子程序

可以参考 dyn21.f 中的子程序 umat45。用户手册中的附录 A 对子程序有详细介绍。请注意，在编写用于超弹性材料的 umat 子程序时，需要使用变形梯度矩阵。注意 *mat_user _...输入中的参数 IHYPER。

2.35 编写用于隐式分析的 umat 子程序

首先，请阅读用户手册的附录 A 中有关隐式的部分。http://ftp.lstc.com/anonymous/outgoing/support/FAQ_kw/implicit_elastic_umat41.k 是一个示例。这个简单的示例调用了子程序 umat41，由于是隐式求解，因此还调用了子程序 utan41。dyn21.f 中还有更复杂的 utan **子程序示例。

2.36 增量应变传递到子程序中

在示例子程序 umat41 中传递的增量应变定义为：

```
eps(1) = du/dx
eps(2) = dv/dy
eps(3) = dw/dz
eps(4) = du/dy+dv/dx
eps(5) = dv/dz+dw/dy
eps(6) = du/dz+dw/dx
```

其中（u, v, w）是位移，（x, y, z）是三维空间坐标。对于剪切应变，即 eps4、eps5、eps6，这些值是工程剪切应变或张量剪切应变的两倍。

2.37 控制单元删除前必须失效的积分点数量

对于 IFAIL = 1，单元中有一个积分点失效，该单元就被删除。

在* mat_user_defined_material_models 中，参数 IFAIL 可以设置为负数，这意味着 –IFAIL 是指向材料参数数组的指针（就像 IBULK 和 IG 一样）。相应的材料参数应指定为在删除单元之前必须失效的积分点数。在代码中，变量 failel/failels(*)是用户自定义的材料程序的输入/输出变量。作为输入，用来在子程序入口处表示积分点是否失效（true 为失效，false 为不失效），如果为 true，该积分点不再进行应力更新，如果为 false，则进行应力更新。作为输出，如果失效条件满足，则表示积分点不再参与任何后续的计算。计数器将记录失效的积分点的数量，并且当该数量达到用户指定的数量时，该单元将被删除。

第3章

单 元 篇

LS-DYNA 程序现有多种单元类型，有二维、三维单元，薄壳、厚壳、体、梁单元，ALE、Euler、Lagrange 单元等。各类单元又有多种理论算法可供选择，具有大位移、大应变和大转动性能。单元积分采用沙漏黏性阻尼以克服零能模式，单元计算速度快，节省存储量，可以满足各种分析的需要。

学习目标

(1) 掌握多种梁单元的功能
(2) 掌握壳和实体单元的注意事项
(3) 掌握负体积的一些处理方法

3.1 二维分析的要求

LS-DYNA 中进行二维分析的要求如下：

（1）节点必须位于 x-y 平面，即 z 的坐标为零；对于轴对称问题，y 轴必须是对称轴，所有节点都必须 x 坐标≥0；此外，3 节点或 4 节点单元的法线方向应该是 z 轴的正方向。

（2）为了便于输入，4 节点二维连续体单元被命名为壳单元。使用壳单元的 13 号单元算法作为平面应变单元，使用壳单元的 14 号单元算法作为轴对称单元，使用壳单元的 15 号单元算法作为通用轴对称单元。在截面设置中设置 NIP=4，可以设置为全积分（2×2）算法（只适用于单元 13 号和 15 号算法）。默认的是单点积分算法，因此会存在沙漏模式。

对于平面应变和轴对称壳单元，分别使用梁单元的 7 号和 8 号算法。对于这些梁单元算法，*section_beam 关键字下的参数 TT1 和 TT2 将被忽略，TS1 和 TS2 分别是节点 1 和节点 2 处壳的厚度，QR/IRID 则是厚度方向上积分点的数量。

（3）通过*contact_2d_automatic_option 来定义接触或者耦合。

（4）2D 单元具备 R 自适应网格功能。

（5）* part_adaptive_failure 允许自适应后的零件分成两个部分。

（6）从物质的角度来看，二维连续体单元被归类为实体单元。然而从单元的角度来看，则应把其归类为壳单元，因为其单元的输入语法符合壳单元的格式要求（3 或 4 个节点）。

（7）设置*control_bulk_viscosity 的 TYPE=2（应用于二维平面应变和轴对称单元）。

（8）注意*section_shell 在单元 14 号和 15 号算法时的单位制。

关于 ASCII 的输出：

Shell 单元的 15 号算法输出的是每单位弧度的结果，而 Shell 单元的 14 号算法有时输出的是每单位弧度的结果（rcforc，ncforc），有时则输出的是每单位长度的结果（nodfor，spcforc），然而输出 secforc 和 bndout 时 LSTC 也无法知道其基于的单位。因此，使用 Shell 单元的 14 号算法会令用户非常困惑。LSTC 建议把 Shell 单元的 14 号算法进行修改，以便所有的输出都是基于每单位弧度，就像 Shell 单元的 15 号算法一样。同时，LSTC 将在用户手册中添加 Shell 单元的 14 号算法输出力不一致的警告。

（9）*contact_2d_automatic_single_surface 和*contact_2d_automatic_surface_to_surface 在 971 R7.0.0 版本后增加了 MPP 选项。

（10）使用*contact_2d_force_transducer 来定义力传感器。

3.2 单元节点和单元积分点

单元节点和单元积分点是两个不同的概念。

积分点是在进行函数积分的时候，为了增加精度，选取的积分点，也就是高斯积分点。单元节点是创建单元的时候就已经定下的点，一定有单元节点，但单元不一定有积分点，比如合力梁单元。

1．节点

以简单矩形单元的温度为例。

4 个节点 i、j、m、n 的温度分别为 Ti、Tj、Tm、Tn。

则以单元内自然坐标(x, y)进行举例，(−1, −1)、(−1,1)、(1, −1)、(1,1)分别为 4 个节点，单元内温度分布为：

```
T={Si, Sj, Sm, Sn} {Ti, Tj, Tm, Tn}
Si=1/4(1-x)(1-y)
Sj=1/4(1+x)(1-y)
Sm=1/4(1+x)(1+y)
Sn=1/4(1-x)(1+y)
```

通过查找单元的形函数，从而我们知道了温度在单元内的分布。

2．积分点

当需要对温度在单元内的面积上进行积分时，因为节点的温度显然与 x、y 无关，所以只需要考虑函数积分。采用 Gauss-Legendre 多项式计算积分时，我们只需要计算特定积分点的值并加以权重就可以。这就把复杂的积分问题变成了简单的代数问题。因为形函数只与单元有关，所以积分点也只与单元形状有关。

一般采用多个积分点的相互插值或外延来计算节点应力。这只是为了减小误差，因为在积分点应力比节点具有更高阶的误差。

有限元求解的结果是每个节点的位移，然后通过形函数插值得到单元任何一个点的位移，当然可以计算出高斯积分点的位移。至于应力，一般是先求解出高斯点处的应力，然后通过平均化的技术平均到每个节点上，因此高斯点处的应力精度最高，节点处最差。

3.3　Beam 单元的类型及应用场合

LS-DYNA 共提供 12 种类型的 Beam 单元，通过*section_beam 中的 ELFORM 进行选择。我们常用的有 ELFORM=1、2、3、6、9 五种类型的 Beam。下面分别介绍几种 Beam 单元的特点和各自的应用场合。

（1）ELFORM=1，Hughes-Liu integrated beam，积分梁。

① 使用 3 个节点 N1、N2、N3 进行定义，节点有 6 个自由度。

② 在梁的中部（N1、N2 两个节点的中点位置）计算截面应力。

③ 用来模拟考虑应力结果的梁，如汽车底盘中的长螺栓。

（2）ELFORM=2，Belytschko-Schwer resultant beam，合力梁。

① 使用 3 个节点 N1、N2、N3 进行定义，节点有 6 个自由度。

② 只计算节点处的力和力矩，没有应力计算。

Note

③ 因无积分点，计算速度较快。

④ 方便地选择各种截面形状。

⑤ 主要用来模拟只考察合力结果的梁，如螺栓连接中的螺杆。

（3）ELFORM=3，Truss，杆。

① 使用 3 个节点 N1、N2、N3 进行定义，节点有 3 个自由度。

② 只能承受轴向载荷（拉或压），不能承受弯曲载荷。

③ 经常用来模拟二力杆结构。

（4）ELFORM=6，Discrete beam，离散梁/Cable。

① 使用 3 个节点 N1、N2、N3 进行定义，也可仅使用两个节点进行定义，节点有 6 个自由度。

② 可以是有限长度或零长度（效果一样）。

③ 可以模拟弹簧和阻尼的特性。

④ 经常用来模拟衬套，也可以代替弹簧和阻尼。

（5）ELFORM=9，Deformable spotweld，可变形焊点梁。

① 使用 3 个节点 N1、N2、N3 进行定义，节点有 6 个自由度。

② 使用 *MAT_SPOTWELD 可以定义材料的失效。

③ 经常用来模拟可变形焊点，如白车身上的焊点。

3.4 积分梁单元的注意事项

LS-DYNA 中提供了多种梁单元的单元积分类型，如积分梁、合力梁等，而积分梁单元是在分析中常用的一种单元公式。通过对以往问题的总结，提出如下建议。

1．体积黏性

*control_bulk_viscosity 有梁单元体积黏性的选项。

2．合力梁单元

如果想直接输入 A、Iss 等参数，必须使用 ELFORM=2 的合力梁单元公式，因为该梁单元梁截面形状未知，应力无法计算，只能得到力和力矩的结果，而且这种积分方式仅与很少的材料本构兼容。具体可以通过用户手册材料部分的开头材料列表查询。

3．积分梁单元

在 *section_beam 中选择 ELFORM=1 是一种积分梁单元，使用该单元公式，需要输入截面形状的参数，最终通过梁单元积分点计算应力。*section_beam 的卡片 1 中的参数 CST 表明，无论截面形状是圆形还是矩形，都必须在卡片 2 中定义截面尺寸。对于圆形截面，需要定义两端的内径和外径（实心的圆截面内径为 0）；对于实心的矩形截面，需要分别定义两端的截面宽度和长度。

对于空心矩形管的定义稍微有点麻烦，因为还必须使用*integration_beam 进行定义，通过设置*section_beam 卡片中的 QR/IRID 参数为-IRID 进行引用（IRID 是*integration_beam 中的第一个参数）。在*integration_beam 中，可以将 NIP 和 RA 留空，并将 ICST 设置为 5。在*integration_beam 的卡片 2 上，定义 4 个值 W、TF、D 和 TW，如用户手册中的示意图所示。

圆形截面的积分点按顺序分布在截面的周向上，与截面中心的距离都相等。例如，对于 3×3 的高斯积分点，横截面上的 9 个积分点相距 40°，射线上的第一个积分点距离局部坐标系 s 轴 20°（指向 t 轴）。

一个简单的弹性悬臂梁弯曲案例证实圆形截面积分点的径向位置为 r = sqrt((ro^2 + ri^2)/2)。这表明圆形截面使用 3×3 高斯分布和 3×3 洛巴托分布似乎没有区别。

设置 QR/IRID 为 4 的矩形截面，使用 3×3 洛巴托积分，其积分点分布为：角上分布 4 个积分点，4 条边中点分布 4 个积分点，中心位置分布一个积分点。

积分梁的轴向应力和弯矩会写入 elout 文件。

*initial_stress_beam 卡片中的 RULE 参数定义了积分点的数量和位置。NPTS 设置多少个积分点进行应力初始化。通过定义*database_extent_binary 卡片中的参数 BEAMIP 为梁单元积分点数量，可以获取梁单元每个积分点的轴向应变。在求解完成后，使用 LS-PrePost 读取 d3plot 文件，单击 History→Int.Pt.→Etype: Beams→(click on any beam element)→Axial Strain→Plot 指令按钮，可以获取轴向应变云图。如果不定义 STRFLG，则 elout 文件中不会输出梁单元应变。

应变张量不写入 elout，而梁单元积分点处的塑性应变会写入 elout（参见用户手册中的*database_history_beam 和*database_elout）。

在 t=0 时刻之后，LS-PrePost 随机以棱形模式显示梁的横截面方向（Toggle→Beam Prism）。除非每一个梁单元都定义了 N3 节点且在*control_output 中定义了 NREFUP=1。如果每个梁单元的 N3 节点不是唯一的，LS-DYNA 内部会对梁单元的截面方向保持修正，这样可以获取更好的结果。唯一的缺点是，当 LS-PrePost 以棱形方式显示梁单元时，没有办法获取截面方向。

*integration_beam 可以在每个积分点定义不同的材料。所有的材料类型必须完全相同，但材料参数可以不同。这个特性的一个用途是钢筋混凝土，使用*MAT_CONCRETE_EC2 或*MAT_RC_BEAM，这些材料可以根据输入属性模拟混凝土或钢筋，因此可以在截面内模拟钢筋所在的位置。

关于 ELFORM=1 积分梁单元更多的说明：

H-L 梁单元积分点屈服是基于 sigeff = sqrt (sigrr^2 + 3(sigrs^2 + sigtr^2))的，其中 r、s、t 是梁单元局部坐标轴。当平均有效塑性应变达到*MAT_24 设置的 FAIL 时，梁单元失效。因此，可能有部分积分点的应变超出失效应变。如果使用*MAT_3，每个积分点失效互不影响。

应力只在积分点计算。根据积分点的位置、权重因子和应力，计算弯矩。如果在积分点绘制 r-stress（通过 elout 文件），将看到材料结构模型一致的应力。如果使用 4×4 的高斯积分（QR/IRID=5），应力云图比使用 2×2 的高斯积分更加真实，最大弯矩更接近解析塑性弯矩。基于 2×2 的高斯积分，最大弯矩计算如下：

```
M = 4 IP * stress * IP area * moment arm
M = 4 * .0124 * (500 * 1000)/4 * (0.5773 * 500/2) = 894,815
```

3.5 模拟悬置断裂的 Beam

在整车碰撞分析中，经常会出现动力总成悬置连接机构断裂的情况。使用 *sction_beam→ELFORM=9 的可变形焊点梁可以改善这种情况，可变形焊点梁使用的 *mat_spotweld 材料为我们提供了多种材料失效模式。通常使用根据时间失效（TFAIL）进行整车碰撞对标分析时悬置断裂的模拟，也可以通过六向力（NRR, NRS, NRT, MRR, MRS, MRT）来模拟悬置的断裂。

3.6 创建体网格焊点

描述可参见 ftp://ftp.lstc.com/outgoing/jday/spotwelds。

里面描述了从点焊节点创建实体点焊所需的步骤。在 all_in_one_step.k 中尝试的通过一步来操作是一个非常有用的扩展。

```
***** Bug (enhancement) 1337 resolution on 11/1/08:*****************
It is not feasible to create the solid element from one node in the KEYWORD
input. Virtually all the initialization logic for contact would need to be
replicated in the Keyword reader where everything is in the user numbering,
which presents a problem in and of itself.
John
*******************************************************************
```

首先运行模型 run1_create_beam_spotweld_from_single_node.k，该模型会自动为焊点梁创建第二个节点，并将原始节点和新创建的节点投影到两个壳面。你只需运行此模型一个时间步长，使用 LS-PrePost 读取 d3plot 数据，然后执行以下简单步骤即可：

（1）进入状态 2，在该状态中，可以看到两个节点的点焊。

（2）使用 SelPar 按钮只显示点焊梁（从显示中移除其他零件）。

（3）单击 Output 按钮，选择 "Element" 和 "Nodal Coordinates"，然后单击 "Current" 和最后的 "Write"，将写出梁节点和梁单元的输出文件。

（4）退出 LS-PrePost。

使用 "run1_create_beam_spotweld_from_single_node.k" 模型的步骤 3 中创建的梁节点和梁单元数据替换 "run2_create_solid_spotweld_from_beam_spotweld.k" 中的数据。命令 *control_spotweld_beam 用于自动将点焊梁转换为点焊实体。

3.7 建立离散梁

在 2012 年 2 月 9 日的开发版本#71876 中开发了一个温度相关的离散梁，使用新的关键字 mat_thermal_discrete_beam。下面是一个示例。

这是一个 alpha 版本，输入可能会随着用户的反馈而改变。

```
New keyword; *mat_thermal_discrete_beam
line 1 (i10,e10.0) -- TMID, TRO
line 2 (2e10.0)    -- HC, TC
TMID = thermal material identification
TRO  = thermal density
HC   = heat capacity
TC   = thermal conductance[typical units W/C]
     = (heat transfer coefficient) * (beam cross section area) [W / m2 C]
* [m2]
```

注意

（1）没有在 section_beam 关键字上为离散梁（类型 6）定义梁截面面积，因此，截面积由 TC 来输入。

（2）传热系数=梁的热导率/梁长。

离散梁（类型 6）有 6 个自由度（DOF），而弹簧（*element_discrete）只有 1 个自由度。

在局部坐标系（r, s, t）中输出离散梁的合力和矩。

对于 d3plot、d3thdt 和 elout 数据库来说，都是如此。

在 LS-DYNA R5.1.1 之后的版本中，命令*database_disbout 将输出相对位移、旋转和力的结果，所有这些都在局部坐标系中输出。

读取和绘制这些数据的功能是在 7/7/11 的 LS-PrePost 中添加的（参考文献：enhancement request #5957）。

R7.0.0（Ref：bug#7377）中添加了对将数据输出到 binout 的支持。

适用于离散梁的材料如下：

- *mat_user_defined_material_models
- *mat_66 (*mat_linear_elastic_discrete_beam)
- *mat_67 (*mat_nonlinear_elastic_discrete_beam)
- *mat_68 (*mat_nonlinear_plastic_discrete_beam)
- *mat_69 (*mat_sid_damper_discrete_beam)
- *mat_70 (*mat_hydraulic_gas_damper_discrete_beam)
- *mat_71 (*mat_cable_discrete_beam)
- *mat_74 (*mat_elastic_spring_discrete_beam)**

- *mat_93 (*mat_elastic_6dof__spring_discrete_beam) << requires also *mat_74
- *mat_94 (*mat_inelastic_spring_discrete_beam)
- *mat_95 (*mat_inelastic_6dof__spring_discrete_beam) << requires also *mat_94
- *mat_97 (*mat_general_joint_discrete_beam) << couples any of 6 DOF
- *mat_119 (*mat_general_nonlinear_6dof_discrete_beam) << curve-based
- *mat_121 (*mat_general_nonlinear_1dof_discrete_beam) << curve-base; 1dof version of *mat_119
- *mat_146 (*mat_1dof_generalized_spring) << takes SCALAR or SCALR option in *element_beam
- *mat_196 (*mat_general_spring_discrete_beam) << alternative to mats 74,93,94,95 Includes separate tensile and compressive failure criterion.**
- *mat_197 (*mat_seismic_isolator)

*mat_196 包含默认阻尼=1.5*dtmax*stiffness，通过设置 D=1.e-9 来关闭它。相比之下，*mat_066 不包含任何默认阻尼（参见 http://ftp.lstc.com/anonymous/outgoing/support/FAQ_kw/dbeam66_74_196.damp.k）。

*mat_093 也具有默认阻尼，该阻尼似乎无法关闭，即使在 mat74 中设置 D=1.e-9 也是如此。

离散梁的删除可以由安全带传感器（*part_sensor）触发。

LS-DYNA 中 SCOOR 选项用于控制离散梁的方向。

离散梁的长度可以是零或非零。

必须提供非零的体积（*section_beam 中的 VOL 值）。离散梁的质量与它的长度无关，而是材料密度和体积的乘积。INER 是梁绕其三个轴的质量惯性矩。如果梁的旋转自由度中的任何一个 DOF 被激活，则需要非零的 INER 值。

CA 和 OFFSET 仅适用于索单元（*mat_cable_discrete_beam）。

对于索单元可以设置 VOL 为零，索单元的质量自动计算为长度*CA*RO。

否则，如果 VOL>0，则每个索单元的质量= VOL * RO。

离散梁的时间步长计算如下：

```
dt=min(dtt,dtr)
```

其中 dtt 用于平移自由度，dtr 用于旋转自由度。

对于平移或旋转自由度，dt 的计算方法是：

```
dtt = sqrt(mass/stiff)
```

|SCOOR|=0,1 时，stiff = max(tkr,tks,tkt)

|SCOOR|=2,3 时，stiff=2*max(tkr,tks,tkt)

旋转自由度与此类似。

对于有限长的梁，INER 和 VOL 都对转动惯量有贡献。

离散的梁基本上就是弹簧和/或阻尼。

像弹簧一样，长度对刚度或时间步长没有影响。

对于离散梁中的每个弹簧和每个阻尼，基于节点质量（或节点惯性）和材料的刚度来计算时间步长。

有关详细信息请参见《理论手册》第 22.5 节，这些时间步长中的最小步长将控制离散梁的时间步长。

从 R95362 版本开始，|SCOOR| = 2,3 中的缺陷在|SCOOR| = 12,13 中得到修正，使得单元的刚体旋转不会产生应变。

这种修正实质上使得无论何时都应该用|SCOOR|=12,13 替换|SCOOR|=2,3。

离散梁的方向由*section_beam 中提供的 SCOOR、CID、RRCON、SRCON 和 TRCON 值来控制。

当离散梁初始长度为零时，SCOOR 的允许值为-3、-1、0、1 或 3。

当 SCOOR 为-3 或 3 时，梁由于剪切刚度而产生的剪力将产生相当于（剪力*梁长度）/2 的梁扭矩，而这并不仅由梁的转动刚度计算。梁长度最初为零，但随着计算的进行，可能变为非零。

这种转矩对于给出真实的梁的行为是必要的。

如果 SCOOR 为-1、0 或 1，则平衡扭矩不变。因此，为了避免结构上的非物理旋转约束，通常推荐 SCOOR = -3 或 3。对于变得不稳定或在整个模拟过程中保持非常接近零长度的离散梁这种极少数情况下才推荐使用 SCOOR = -1、0 或 1。

如果离散梁的长度是有限的，则 SCOOR 应设置为-3、-2、2 或 3，以便像真实的梁一样，由于剪力而产生扭矩（见上文段落中的解释）。

CID 定义了局部（r, s, t）系统的初始方向。

如果 CID=0，则初始（r, s, t）方向分别与全局 X、Y、Z 方向对齐，除非在梁单元中定义了第三个节点 N3。在这种情况下，梁的三个节点 N1、N2 和 N3 确定了梁的局部坐标系的初始取向（当且仅当 SCOOR=2 或-2）。

SCOOR=2 的轴向合成力示意图如图 3-1 所示，SCOOR=3 的轴向合成力示意图如图 3-2 所示。

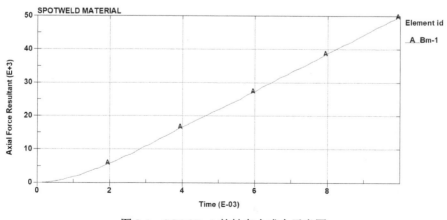

图 3-1　SCOOR=2 的轴向合成力示意图

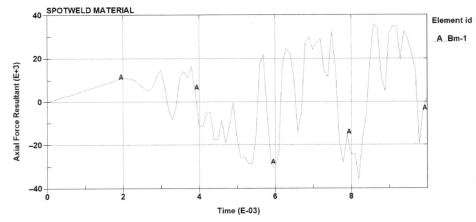

图 3-2　SCOOR=3 的轴向合成力示意图

971 用户手册（第 2 版）指出，*element_beam 中的 ORIENTATION 和 OFFSET 参数不适用于离散梁。

*initial_stress_beam 的 NAXES=12 会初始化离散梁的方向（并覆盖其他如*section_beam 的 CID）。

离散梁的行为通常是违反直觉的，因为物质坐标系通常以一种无法从几何中看到的方式进行旋转。

根据增量力的瞬时值和材料坐标系的当前方向，逐步计算节点间的相对变形。

RRCON、SRCON 和 TRCON 控制节点的旋转是否影响局部（r, s, t）坐标系。

即使这三个参数被设置为 1，也可以基于节点转换来更新局部坐标系。

如果 RRCON、SRCON 和 TRCON 为 0，则根据节点 1、节点 2 的角速度或两者的平均值（由 SCOOR 决定）来更新局部坐标系。

例外的情况是，如果 CID 的坐标系使用 FLAG=1 的*define_coordinate_nodes，在这种情况下，梁的局部坐标系会根据*define_coordinate_nodes 中的三个节点的当前坐标进行更新（示例 dbeam_orient.rotate.k 证明 SCOOR=3 时这是正确的，但是 FLAG=1 对 SCOOR=2 没有影响）。

如果 SCOOR 设置为-2 或 2，则对局部坐标系进行最终调整，使得 r 轴沿着梁的轴向（从节点 1 到节点 2）。

使用具有更新的|SCOOR|=3 和 CID 的组合，可以在任何时刻方便地查看梁的坐标系。否则，就无法查看 t=0 之后梁的坐标系。

当更新局部坐标系的选项在 CID 定义中处于激活状态（*define_coordinate_nodes 的 FLAG=1）时，梁的坐标系不会受到 SCOOR 设置为-3、-1、0、1 和 3 的直接影响，而 SCOOR 设置为-2 或 2 则会导致对梁的坐标系进行调整，从而使 r 轴与梁的纵轴对齐。

离散弹簧/阻尼单元的备注：

*element_discrete（不要与离散梁混淆）的方向由参数 VID 控制。

如果 VID = 0（首选），则*element_discrete 的作用方向在整个计算过程中沿节点 1 到节点 2 方向保持不变。如果需要不同的方向，我们建议使用 SCOOR 设置为-3、-2、2 或 3 的离散梁。

由于可能出现不必要的旋转约束，因此不推荐使用方向矢量（VID > 0）的弹簧。

我们建议用一个离散的梁，SCOOR=2（见*section_shell）来代替有限长的弹簧，它的作用方向不是沿着 N1 到 N2。

有限长的离散梁由于横向刚度而产生的横向力将产生等于（剪力*梁长）/2 的梁扭矩。这种扭矩是物理上真实存在的。相反，一个有限长的弹簧，其作用方向不是沿着它的 N1 到 N2 轴，则不会产生伴随横向力的平衡扭矩。这种疏漏会导致物体产生旋转的非真实的阻力。

如果 VID>0（由于可能出现不必要的旋转约束而不建议使用），那么*define_sd_orientation 中的 IOP 将决定单元方向的定义方法。如果 IOP=0 或 1，方向将在空间上永久固定；如果 IOP=2 或 3，则方向将随着两个节点在空间中的运动而更新。用户手册中提供了*define_sd_orientation 的更多信息。

Note

3.8　壳单元公式的注意事项

单元公式 2 和 16 是均厚度壳，所以内部会使用*element_shell_thickness 中的 4 个节点厚度值的平均值。

单元公式 1 和 6 是变厚度壳，比如，这些壳可以模拟锥形厚度的物体，因此，即使面内积分点（高斯点）的应变一样，应力在厚度方向上也可能产生变化。

下面是关于显式分析的一些讨论。

壳单元的一些常用公式：

```
- type 2
- type 2 with BWC=1 in *control_shell
- type 8
- type 10
- type 11
- type 1
- type 16
- type 7
- type 6
```

按照速度和鲁棒性的主观排名：

```
1. type 2
2. type 2 with BWC warping stiffness and full projection (see BWC and PROJ
in *control_shell)
3. type 10
4. type 16
5. type 7
6. type 6 [1]
```

"鲁棒性"指的是在单元质量较差以及受到大变形时仍能稳定的性质。上面的 2 和 3 项在性能表现和速度上几乎一致。最后三项是全积分壳（面内有 4 个积分点），因此没有沙漏变形模式。通常来说，单点积分单元偏软，通过使用基于刚度的沙漏控制（HG 为 4）和一个小的沙漏系数（如 0.03～0.05），表现就变得稍刚了些。这个沙漏公式也推荐用在单点积分的大多数应用上。

对于高速\高应变率问题，推荐基于黏性的沙漏公式。从精度角度来说，如果初始单元形状合理，并且 16 号单元在仿真过程中没有发生不合理的扭曲，那么全积分壳单元优于单点积分。

对于大的面内剪切变形，单元公式 1（Jaumann 应力更新）比单元公式 2（Corotationa 应力更新）和单元公式 16 要好。为了给单元公式 1 加入翘曲刚度，需要在*control_shell 中设置 IRNXX=-2。

单元公式 6 加上*control_shell 中的 IRNXX=-2，可以在发生旋转的瞬态问题后的回弹分析中给出一个很好的精度，比如，旋转的叶片。这个公式也可以模拟非均匀厚度的板件。

单元公式 6 和 7 可能会发生翘曲的沙漏变形模式，因为这两个公式为了避免横向剪切锁定，而采用了选择性减缩积分。在选择性减缩积分中，4 个积分点用了 6 个应力中的 4 个，而只有一个积分点有横向剪切应力项。

单元公式 16 用了名为 Bathe-Dvorkin 的横向剪切处理，可以消除 W 变形、翘曲变形、沙漏变形。

对于某些复合材料，可以设置*control_shell 中的 LAMSHT=1 引入层壳理论。这个选项移除了壳厚度方向剪应变一致的假设，这一点对中间层是软材料的三明治复合材料很重要。

单元公式 16 的耗时是 2 号壳单元的 2.5 倍。对于翘曲的几何，单元公式 16 结合沙漏公式 8，可以给出正确的求解结果。

通过设置*control_shell 中的 NFAIL1 和 NFAIL4 可以自动删除扭曲的壳单元（负的雅克比），使整体模型更稳定以继续运算下去。

设置 ESORT=1，使用四边形单元公式（如单元公式 3）的 part 里面的三角形单元会自动采用 C0 公式（单元公式 4）。不管有没有设置 ESORT=1，使用 16 号单元公式的零件里面的三角形单元都会自动转成 C0 公式（单元公式 4）。

通常推荐*control_accuracy 中的 INN=2 或者 4，来引入不变的节点编号，特别是当材料是正交各向异性的时候，这个设置很重要。

可以参考 2006 版本的理论手册的 Section 7 部分的单元公式 2，单元公式 16 在 Section 9。Section 10 里有单元公式 1 的介绍，Section 10.6 里有单元公式 6 和 7 的介绍。

层壳理论（*control_shell 中的 LAMSHT）在理论手册中的 Section 11 里有讨论。

3.9　壳单元的输出

输出的是积分点上的应力应变，因此如果需要输出外表面的应力应变，需要使用

Lobatto 积分（更多信息见 *control_shell 中的 INTGRD）。

*database_extent_binary 中的 MAXINT 用来控制壳单元厚度方向上有多少个积分点的应力或有效塑性应变输出。

如果 MAXINT 是负数，则全积分单元面内的 4 个积分点的应力都输出（不进行平均），厚度方向输出的积分点个数是|MAXINT|，这个 MAXINT 只影响 d3plot、d3part、d3thdt 中的信息。

对于 elout 结果文件的相应控制，见*database_extent_binary 中的参数 INTOUT。

在*control_output 中，参数 EOCS 控制使用哪个坐标系来写出 elout 文件的壳单元数据。

> EQ 0：　默认
> EQ 1：　局部坐标系
> EQ 2：　全局坐标系

应变张量输出在最上层和最下层的积分点上，且仅当*database_extent_binary 中的 STRFLG=1 时才输出，见*section_shell 部分关于积分点位置的表格。

3.10　壳单元的应变

当设置 STRFLG=1 时，d3plot 中的壳单元每个状态只包含 12 种应变变量：最内部积分点的 epsxx、epsyy、epszz、epsxy、epsyz 和 epszx，最外部积分点的 epsxx、epsyy、epszz、epsxy、epsyz 和 epszx。

LS-PrePost 中 epsxx、epsyy、epszz、epsxy、epsyz、epszx 的"Mean"指的是（最上层的 eps+最下层的 eps）/2，这个均值是由 LS-PrePost 计算出来的。

主应变和有效应变是由 LS-PrePost 使用前面提到的 epsxx、epsyy、epszz、epsxy、epsyz 和 epszx 的值算出来的。

```
effective strain = sqrt(2.0*(epsxx^2+epsyy^2+epszz^2)/3.0 + (epsxy^2+
epsyz^2+epsxz^2)/3.0)
```

然而，壳单元厚度方向的应变总是计算得到的，默认状态下不计算厚度方向厚度值的变化。只有设置*control_shell 中的 ISTUPD 时才按照厚度方向的应变来计算厚度的改变。

通过设置 ISTUPD=1，壳单元的厚度改变才被激活。大多数冲击碰撞仿真中，不需要考虑壳的厚度方向的改变，只有在零件的主要变形模式为拉伸模式时使用，比如金属冲压成型。

在碰撞冲击分析中，推荐 ISTUPD=0（不考虑厚度变化）的原因如下：

（1）比较高效；

（2）厚度减薄通常不是重要的影响因素；

（3）打开厚度减薄在动态仿真中可能不稳定。

*control_shell 中的 PSSTUPD 参数可以选择模型中哪些壳单元零件考虑减薄，没被选中的零件都不考虑。ISTUPD=4 比 ISTUPD=1 更稳定一些，ISTUPD=4 适合各向同性

弹塑性材料，其厚度减薄只考虑塑性变形部分，弹性变形被忽略，ISTUPD=1 是弹性和塑性应变引起的厚度减薄都考虑。

大多数壳单元被定义为平面应力单元，意思是厚度方向的应力为零，但厚度方向的应变不为零。需要记住的是横向剪切应力和应变都是可以不为零的，主应力和主应变可以不在面内。

LS-PrePost 允许用户在后处理中绘制出主应力、面内主应力、主应变和面内主应变的矢量图。

面内主应力（主应变）是只由面内的应力（应变）计算得到的，包括面内的剪切应力（剪切应变）。

在 LS-PrePost 中有两种方法计算壳单元中的主应变。

（1）"全 3D"方法。

这个方法采用了全部的 6 个应变分量。LS-PrePost 中使用如下（按钮）步骤进行绘制：

```
Vector → Prin. strain
Post → FriComp → Strain → L-surf max-prin strain
History → Element → Lower surface principal strain
```

（2）"面内"应变方法。

这个方法是 LS-PrePost 先将应变的 6 个全局分量转到单元局部坐标系上，然后只用转换后的 3 个面内应变（1 个面内剪切应变、2 个面内主应变）来计算得到面内的 2 个主应变。

LS-PrePost 中使用如下（按钮）步骤进行绘制：

```
Vector → P. Inplane strain
Post → FriComp → FLD → lower eps1
```

或者

```
Post → FriComp → Forming → Bottom Major Prin. strain
```

在绘制云图后，也可以使用 History→Scalar 绘制相关的曲线。

LS-PrePost 基于下面的公式来计算"面内"主应变：

```
E_max=(ex+ey)/2+sqrt(0.25*(ex-ey)*(ex-ey)+(exy*exy);
E_min=(ex+ey)/2-sqrt(0.25*(ex-ey)*(ex-ey)+(exy*exy);
```

其中，E_max、E_min、ex、ey 和 exy 分别代表着"面内"最大主应变、"面内"最小主应变、"面内"x 应变、"面内"y 应变和"面内"剪切应变。

上面公式中的剪切应变因子默认为 0.25，用户也可以在 LS-PrePost 中的 Command 输入框内输入其他值进行更改，比如输入命令"shearstrainfactor 0.25"，可以更改 0.25 这个值。

```
E_max=(ex+ey)/2+sqrt(0.25*(ex-ey)*(ex-ey)+(FACTOR*exy*exy);
E_min=(ex+ey)/2-sqrt(0.25*(ex-ey)*(ex-ey)+(FACTOR*exy*exy);
```

最大的面内（张量形式）剪切应变是 gamma/2 = (eps1-eps2)/2。换句话说，张量形式的剪切应变是工程剪切应变的一半。

用户可以通过绘制出同一个 plot 状态下的 eps1 和 eps2 的时间历史曲线，用"Oper"按钮计算 eps1-eps2，然后用"Scale"纵坐标值乘以 0.5，来获得最大面内剪切应变的时间历史曲线。

当然，在进行上述操作之前，需要将输入模型 K 文件*database_extent_binary 中的 STRFLG 设置为 1，这样应变张量可以写入 d3plot 和 elout 文件中。

注意，存储在 upper 和 lower 积分点上的应变值，并不一定是壳单元的最上层表面和最下层表面(除非用*integration_shell 指定积分点的位置或者在*control_shell 中用 Lobatto 积分)，而是最上层积分点和最下层积分点的位置。

在*database_extent_binary 中设置 STRFLG=1，只是写出壳单元最外层和最内层积分点上的应变。但如果用户在*database_extent_binary 中额外设置 INTOUT=" STRAIN" 或者 " ALL"，并且定义了*database_elout 和*database_history_shell，这样就可以得到*database_ history_shell 所选中的壳单元的所有积分点上的应变结果。

在 d3plot 中，只有最内层和最外层上的积分点才输出应变，并且内部积分点的应变云图不能绘制。

需要理解应变输出的额外几个关键点：

在使用 Vector 按钮绘制面内应变矢量前，可以使用 Setting 按钮选择厚度方向的积分点位置。

面内主应变的按钮为最大主应变和最小主应变，操作步骤为：

单击 Fcomp→Strain and History→Element 命令按钮，当 "Local" 被选中时，厚度方向的应变显示为 2nd principal。

将主应变从积分点外插(Extrapolate)到表面是不合适的，外插只用于应变张量的 6 个分量。用户可以选择是在全局坐标系下(d3plot 默认就是在全局坐标系下)还是在单元坐标系下绘制应变的 6 个分量。elout 文件默认是在单元局部坐标系下。d3plot 通过 LS-PrePost 中设置 "Local" 也可以在单元局部坐标系下绘制。应变显示在单元局部坐标系下的优势是 x 轴和 y 轴正好在单元的面内。

通过操作步骤 Fcomp→Infin 绘制的应变是 LS-PrePost 用节点坐标计算出来的，因此只是一个近似值。位移越大，近似误差越大，而且这种方式获得的应变没有考虑壳单元厚度方向的应变变化。

最后，infitesimal 应变大小会受单元的旋转影响。相反地，d3plot 和 elout 中存储的张量形式的应变(STRFLG=1)是 LS-DYNA 直接算出来的，因此，对于大位移也是精确的，同时也考虑了壳单元厚度方向的应变变化。

3.11 壳单元与实体单元的连接

悬臂梁模型说明了约束壳单元到实体单元上的几种方式。

关键字*constrained_shell_to_solid 方法保证了旋转连续性。

LS-PrePost 有个工具来创建相应的关键字。步骤为：单击 Model→CreEnt→Constrained→Shell2Solid 命令按钮。

*constrained_nodal_rigid_body 是一个相当直接的方法，缺点是不能考虑截面的减薄(减薄在弯曲模式中不重要)。

Note

*constrained_tied_shell_edge_to_surface 方法不是很好，主要问题是实体单元没有旋转自由度，这个绑定接触不能保证旋转连续性。

*contact_tied_shell_edge_to_solid（tiedse2solid_alt.key）和 *contact_tied_shell_edge_to_solid_constrained_offset（tiedse2solid_alt.key）说明了两个 edge_to_solid 方法，后者的精度更高。两者的区别是在壳/实体界面处沿厚度的 x 方向的应力分布不同。

壳单元与实体单元连接的卡片如图 3-3 所示。

*CONTACT_TIED_SHELL_EDGE_TO_SOLID_(ID/TITLE/MPP)　(1)

3 UNUSED	CHKSEGS	PENSF	GRPABLE				
	0	1.0					
4 SSID	MSID	SSTYP	MSTYP	SBOXID	MBOXID	SPR	MPR
2	3	3 ∨	3 ∨	0	0	1 ∨	1 ∨
5 FS	FD	DC	VC	VDC	PENCHK	BT	DT
0.0					0 ∨		
6 SFS	SFM	SST	MST	SFST	SFMT	FSF	VSF
0.0	0.0	0.0	0.0				

*CONTACT_TIED_SHELL_EDGE_TO_SOLID_CONSTRAINED_OFFSET_(ID/TITLE/MPP)　(1)

3 UNUSED	CHKSEGS	PENSF	GRPABLE				
	0	1.0					
4 SSID	MSID	SSTYP	MSTYP	SBOXID	MBOXID	SPR	MPR
3	2	3 ∨	3 ∨	0	0	0 ∨	0 ∨
5 FS	FD	DC	VC	VDC	PENCHK	BT	DT
0.0	0.0	0.0	0.0		0 ∨	0.0	0.0
6 SFS	SFM	SST	MST	SFST	SFMT	FSF	VSF
0.0	0.0	15.000000	0.0	0.0	0.0	0.0	0.0

图 3-3　壳单元与实体单元连接的卡片

*constrained_interpolation 在实体单元和壳单元耦合上不推荐。

另一个可以保证旋转连续性的方法是添加额外的壳单元（Add Extra Shell Elements）。但是这个方法也有缺点，因为会有额外的质量和刚度增加。该方法具体介绍如下：

（1）在实体单元上嵌入至少一层壳单元（像一把尺子插进土豆里），可以使嵌入的壳单元和实体单元共节点或者使用 *constrained_lagrange_in_solid（壳单元= slave，实体单元 = master，CTYPE=2）。

（2）给实体单元表面加上一层共节点的壳单元（包壳），然后使用 *contact_tied_shell_edge_to_surface 将壳的边绑到包的壳的表面上。

如果使用空壳（*mat_null）则在上面的（1）和（2）中没有效果，因为空壳没有刚度。

可能最好的选择是用厚壳单元代替薄壳单元。厚壳单元可以直接与实体单元共节点，或者如果想加密实体单元与厚壳单元的结合处，可以使用 *contact_tied_surface_to_surface 将厚壳单元与实体单元绑定在一起。

3.12　六面体单元的注意事项

为什么体单元 8 个积分点的 x-stress、y-stress、z-stress 与我期望的不一致？我们期

望的情况：悬臂梁在尾端施加 z 向力，Force=20，则

```
x-stress = +- Mc/I, 此处 c = sqrt(3)/3 * half the depth of the section =
0.866, I= 6.75
y-stress=0
z-stress=z-force/area=2.22(所有积分点)
```

应力在 elout 文件中输出，悬臂梁尾端位移接近于理论值 PL^e/3EI。

在单元中压力被强行约束为常量，所以相同单元的两个积分点必须拥有同样的压力。也就是说，如果一个积分点中：

```
Sigxx=+Mc/I, sigyy=0, sigzz=f/a
```

那么这个积分点的压力= (-Mc/l-f/a)/3，并且另外一个积分点中：

```
Sigxx=+Mc/I, sigyy=0, sigzz=f/a
```

另外一个积分点的压力= (+Mc/l-f/a)/3。

这在缩减积分单元（ELFORM=-1, -2, 2）中是不可能的，获取平衡是强行定义了所有积分点的压力为常量（即 p=constant）。这当然让分析变得不那么简单，也是我们没有做过的。

应力结果看起来是违反直觉的，但我们相信能保持平衡，至少两个单元沿厚度方向可以得到一些合理的应力云图，压力沿厚度方向是变化的。

对于六面体单元，更倾向于使用 ELFORM1 而不是 ELFORM2 和 ELFORM3，原因如下：

速度结果表明，在单元高宽比不理想的情况下，存在剪切锁定现象；具有稳健性（更不容易出现负体积）。即使如此，使用 ELFORM1 也会遇到沙漏的问题。

3.13 应力在单元中心输出的意义

在 LS-DYNA 中，实体单元的应力在单元的中心输出，是否意味着对于完全积分单元在所有积分点处计算应力，然后输出单元中心的平均值。

通常是这样的，但是也有其他选择。可以将所有-1、-2、2 实体类型的 8 个积分点的数据输出到 d3plot 文件中。这是通过将* database_extent_binary 的卡片 3 中的 NINTSLD 设置为 8 来完成的。然后，使用 LS-PrePost 进行后处理，通过执行命令 History→Int.pt 在所有 8 个积分点上绘制所选零件。

以下说明适用于在*database_extent_binary 中设置了 NINTSLD= 8 的多积分点实体单元的云图处理：

（1）没有办法为单个积分点绘制应力/应变云图，即 Ipt 选项不适用。

（2）如果选择 "Max" 选项，则 LSPP 将为该单元选择所有 8 个积分点中的最大值。"Min" 和 "Ave" 也类似。

（3）如果选择了 "Low""Mid" 或 "Up" 中的任何一个（没有区别），则所选组件的节点值会被绘制出来。节点值确定如下：

① 确定哪些单元共享该节点；

② 对于这些单元中的每一个，找到与节点最接近的整数；

③ 取那些积分点值的未加权平均值以获得节点值；

④ 通过执行命令 Output→Nodal Results 输出所有节点值。

Note

3.14　实体单元节点应力和应变的绘制方法

要在用 ELFORM=1 型实体单元建模的零件的外表面上获得应力，需要在外表面上添加非常薄的壳单元（与实体相同的材料），使壳单元与实体共享节点。外壳应力将代表外表面应力。

使用 LS-PrePost，可以通过读取关键字输入文件，然后选择 Mesh→ElGen→Shell→Shell By: Solid_face，用壳"覆盖"实体表面。

从窗口底部的"Selection"菜单中选择"Prop"框，然后单击该表面以突出显示该表面。可能需要调整"Ang"以突出显示所有所需的面段。

选择确认后，请单击 Create 按钮，然后单击 Accept 按钮。在顶部菜单栏中选择 File→Save Keyword。对于 ELFORM=2 型实体单元，如果认为从 8 个单元积分点到节点的外推足够精确，则不需要包壳。包壳的例子如图 3-4 所示。

图 3-4　包壳的例子

3.15　对积分点结果单独后处理

当使用 16 类型的四面体单元时，可对 4 个积分点的每个节点结果进行单独的后处理。有两种方法：

（1）在*database_extent_binary 关键字中设置 NINTSLD=8，接着可以在 LS-PrePost中使用 History→Int Pt。请注意：当*control_solid 中的 NIPTETS = 0 或 4 时，此方法可以正常工作，但是当 NIPTETS = 5 时，会缺少一个积分点。

（2）在*database_extent_binary 中设置 INTOUT = "STRESS"或"ALL"，并设置*database_elout 和*database_history_solid。所有 4 个（或 5 个）积分点的应力都将写入eloutdet。

3.16　获取单元局部坐标系中的应力和应变

对于任何单元，都可以在 LS-PrePost 中从"Glob"（全局坐标系）切换为"Local"（局部单元坐标系），以显示局部单元坐标系中的应力或应变。可以在 Fcomp（也称为

FrinComp）菜单或 History 菜单中使用这个切换。在调用"Local"功能时，LS-PrePost 将 d3plot 中全局坐标系下的应力和应变（默认值 CMPFLG = 0），转换为单元局部坐标系下。

对于壳单元，单元局部坐标系：x 方向是从 N1 到 N2，y 方向在 N1-N2 平面内且与 x 正交，z 方向与壳单元垂直。

实体单元局部坐标系和壳单元相同，其对应的"平面内"为节点 1、2、3、4 与 5、6、7、8 之间的中间平面。在"Wire"或"Feature"模式（默认为"Shad"模式）下查看实体时，应该能够在单元中看到两个矢量。

查看单元局部坐标系的步骤：

（1）转换到 Wire 或 Feature 模式；

（2）执行命令 EleTol→Ident→Element→Solid；

（3）勾选 Dir 选项；

（4）单击或以其他方式选择要显示局部坐标系的单元。

对每个选定的单元显示一个长向量和一个短向量。长向量是局部坐标系 x 轴，短向量是局部坐标系 y 轴。如果 LS-PrePost 读入关键字文件，则还可以使用 ElEdit 查看单元轴。

3.17　实体单元转二维 SPH 单元的相关类型

关键字*define_adaptive_solid_to_sph 目前不支持二维和轴对称 SPH 选项。有三种转换类型可供选择。

（1）ICPL=0：失效的实体单元变为 SPH，不能与剩余的实体单元（碎片）耦合。

此选项用于模拟来自实体单元的碎片，即失效的实体单元将转换为失效的 SPH 粒子（仅质量且无应力）以保持质量。现有实体单元与转换后的 SPH 粒子之间需要接触，以考虑碎片与现有未失效实体单元之间的相互作用。

（2）ICPL=1，IOPT=0：从 $t = 0$ 开始，用于模型原有的 SPH 和实体单元之间的耦合。此选项仅用于模型原有的 SPH 粒子（无转换的 SPH 粒子）和现有实体单元之间的过渡层（像接触连接一样，仅用于将现有 SPH 粒子与现有实体单元连接起来），而不能用于新生成的 SPH 粒子与产生这些粒子的实体单元之间的失效耦合。

（3）ICPL=1，IOPT=1：失效的实体单元变为 SPH，并保持与剩余实体单元的耦合，失效参数是将 FEM 单元转换为 SPH 粒子的标准。有限元的所有应力状态都转移到 SPH 粒子上。转换后的 SPH 粒子将仅与产生这些粒子的实体单元耦合。在此选项中，当实体单元转换为 SPH 粒子时，用户可以定义新的材料模型给 SPH 粒子（例如，不存在任何失效或更严格的失效标准，以确保不再发生失效），或使用和实体单元相同的材料模型。

通过这种处理，从计算开始就可以看到 SPH 粒子。这些嵌入的粒子保持不激活状态，直到其实体单元被侵彻失效后才参与接触。使用接触（通常为*contact_automatic_nodes_to_surface）来处理实体单元与转换后的 SPH 粒子的接触。在接触定义中，从节点由*contact

中标识为 sstyp=3 的 SPH 粒子组成，该粒子引用了*define_adaptive_solid_to_sph 中定义的 IPSPH。

3.18　体积锁死

体积锁死：应该有单元的体积变化的时候体积没有发生变化。其原因是受到了伪的围压应力（Spurious Pressure Stresses）。

发生的条件：①全体积单元；②材料几乎不可压缩。

二阶单元：对于弹塑性材料（塑性部分几乎不可压缩），二阶全积分四边形和六面体单元的塑性应变和弹性应变在一个数量级会发生体积锁死。二次缩减积分单元发生大应变时体积锁死也伴随出现。值得注意的是，一阶全积分单元应当采用选择性缩减积分，此时可以避免出现体积锁死。

产生的结果：使得体积不变，即体积模量太大，刚度太强。

解决办法：①将大应变区域网格细化；②Mixed Formulation 法。

检查方法：输出积分点的围压应力，分析围压应力是否在相邻积分点存在冲突，是否呈棋盘式分布，如果是就说明出现了体积锁死。

3.19　沙漏控制

沙漏（HG）模式是非物理的、变形的零能模式。沙漏模式产生零应变和零应力。沙漏模式只出现在缩减积分（单积分点）的实体、壳和厚壳单元中。

LS-DYNA 有多种用于抑制沙漏模式的算法。第一种算法（type1）虽然最便宜，但通常不是最有效的算法。完全消除沙漏的方法是将单元的积分方式从缩减积分转换为全积分或选择性缩减积分。但这种方法是有缺点的，首先，ELFORM=2 的体单元比单点积分的体单元更为昂贵；其次，ELFORM=2 的体单元在大变形中更加不稳定（负体积更容易出现）；最后，ELFORM=2 的体单元有剪切锁定的趋势，在剪切形状较差时，单元在应用中会表现得较硬。为了克服剪切锁定的问题，选择性缩减积分使用 ELFORM=-1、-2 代替 ELFORM=2 的全积分单元。

三角形壳单元和四面体单元没有沙漏模式，但具有在很多应用中本身过刚的缺点。

细化单元是一种减少沙漏的有效方法。

加载方式会影响沙漏的水平，压力加载比单节点加载更为可取，因为单节点加载更容易激发沙漏模式。

为了评估沙漏能量，在*control_energy 卡片中设置 HGEN=2 并定义*database_glstat 和 *database_matsum，可以输出整个系统和各个零件各自的沙漏能量。

问题在于确认非物理沙漏能量相对于各个零件的内能峰值是否足够小（按经验<10%）。

仅对于壳单元，在输入文件的*database_extent_binary 中设置 SHGE=2，可以在结果文件中输出沙漏能量密度云图。然后，打开 LS-PrePost，选择 Fcomp→Misc→Hourglass Energy 指令，就可以绘制沙漏能量云图。

对于体单元，在输入文件的 *database_exten_binary 中设置 HYDR0=4，可以在结果文件中输出沙漏能量云图。

对于流体零件，默认的沙漏系数通常不合适（过高）。所以对于流体零件，沙漏系数通常应该缩小几个数量级，且仅使用基于黏性的沙漏控制方法，默认的 1# 沙漏控制适用于流体零件。

通过定义 *hourglass 或 *part 卡片中的 HGID，可以在 matsum 文件中查看沙漏能量。

基于刚度的沙漏控制（4# 和 5#）对于结构零件的沙漏控制较基于黏度的沙漏控制更为有效。通常，使用基于刚度的沙漏控制，会减小沙漏控制系数范围 0.03～0.05，这样可以在将非物理质量的影响降至最低的同时抑制沙漏模式。

对于高速碰撞，基于黏性的沙漏控制更为推荐 1#、2# 和 3#，即使对于体单元结构零件。

准静态仿真可能被视为低速碰撞，推荐选择基于刚度的沙漏控制方式。涉及高速爆炸的问题可能被视为高速碰撞，推荐选择基于黏性的沙漏控制方式。典型的汽车碰撞速度倾向于归纳为低速一端，所以推荐使用基于刚度的沙漏控制方式。

8# 沙漏控制仅用于 ELFORM=16 的壳单元，8# 沙漏控制方式激活了 ELFORM=16 壳单元的翘曲刚度，所以单元的翘曲不会降低解决方案的有效性。ELFORM=16 的壳单元如果定义了 8# 沙漏控制，可以解决所谓的扭曲梁的问题。

6# 沙漏控制在隐式分析中用于 ELFORM=1 的体单元，沙漏系数一般在 0.1～1 之间。对于弹性材料，沙漏系数使用 1.0；对于其他材料，沙漏系数选择不明确。即使查看分析结果，也很难量化使用不同沙漏系数的好处。沙漏系数选择过低，可能引起可见的沙漏变形模式；沙漏系数选择过高，可能导致过刚的行为。

可能需要运行该模型两次，以查看结果是否对沙漏系数有任何敏感性。

检查沙漏能量是个好主意。

在 *control_hourglass 卡片中默认的沙漏因子为 0.1，可以被任何非零值所取代。我们没有在手册中看到任何与此相矛盾的地方。手册上是这么说的：无论在 *control_hourglass 中如何设置，*hourglass 中的默认沙漏类型都是 1。除非有所遗漏，否则沙漏系数不会出现这样的注释。这里的教训是，用户应该在任何地方指定非零沙漏系数，无论 *hourglass 卡片是否被使用。否则，有可能在使用时通过 * control_hourglass 卡片无意中更改了预期的系数。

关于 *hourglass 卡片中的黏性阻尼系数（VDC）：

注意，*hourglass 卡片中，HG 选择 6 和 7 两种类型时，有可选的阻尼系数 VDC。如果阻尼为 20%，则设置 VDC=0.2。

假设 10438 和 13980 漏洞被证实，则厚壳单元使用 5# 沙漏控制方法并分别定义 VDC=0.2 和 VDC=0.1 更有效。

Lee 表示，"对于厚壳单元的沙漏控制，5# 沙漏控制是 6# 沙漏控制的改进型，对于体单元和厚壳单元，选择 5#沙漏控制，VDC 仅为黏性阻尼系数。"

3.20 沙漏出现负值

使用 LS-DYNA 进行整车碰撞分析，有时会出现负的沙漏能，主要有以下三个原因：

（1）某些零件使用单排壳单元模拟，如冷却风扇；

（2）某些区域三角形网格与四边形单元混用；

（3）某些区域四面体、五面体与六面体单元混用。

解决办法：

（1）避免单排壳单元的使用；

（2）尽量不要出现三角形单元与四边形单元混用，尽量不要出现四面体、五面体单元与六面体单元混用；

（3）如果出现负沙漏能的零件单元数量不多，可以考虑使用全积分单元以避免沙漏能的出现。

3.21 负体积处理

泡沫的材料本构一般都要求使用体单元进行建模，对于承受很大变形的材料，如泡沫，一个单元可能变得非常扭曲以至于单元的体积计算得到一个负值。这可能发生在材料还没有达到失效标准时。对一个拉格朗日（Lagrange）网格，在没有采取网格光滑（Mesh Smoothing）或者重划分（Remeshing）时能适应多大变形有个内在的限制。LS-DYNA 中计算得到负体积（Negative Volume）会导致计算终止，除非在 *control_timestep 里设置 ERODE 选项为 1，并且在 *control_termination 里设置 DTMIN 项为任何非零的值，在这种情况下，出现负体积的单元会被删除并且计算继续进行（大多数情况）。有时即使 ERODE 和 DTMIN 按上面说的设置了，负体积可能还是会发生从而导致因错误终止计算。

另外，*control_solid 中的参数 PSFAIL 为非零值则不使用 ERODE，而是 PSFAIL 零件集的实体单元会在负体积时被删除。此外，所有实体单元都将受到 DTMIN 的基于时间步长删除的作用。

有助于克服负体积的一些方法如下：

（1）在大应变时增强材料的应力-应变曲线。这种方法可能相当有效。

（2）有时修改初始网格来适应特定的变形场将阻止负体积的形成。此外，负体积通常只对非常严重的变形情况而言是问题，而且仅发生在像泡沫这样的软的材料中。

（3）减小时间步缩放系数（Timestep Scale Factor），默认的 0.9 可能不足以防止数值不稳定。

（4）避免用全积分的体单元（单元类型 2 和 3），它们在包含大变形和扭曲的仿真中往往不是很稳定。全积分单元在大变形的时候健壮性不如单点积分单元，因为单元的一个积分点可能出现负的 Jacobian 而整个单元还维持正的体积。在计算中用全积分单元因计算出现负的 Jacobian 而终止会比单点积分单元来得快。

（5）用默认的单元方程（单点积分体单元）和类型 4 或者 5 的沙漏（Hourglass）控制（强化响应）。对泡沫材料而言首选的沙漏方程是：低速冲击为 type 6，系数 1.0；高速冲击为 type 2 或者 type 3。

（6）对泡沫用四面体（Tetrahedral）单元来建模，使用类型 10 的实体单元。

（7）增加 DAMP 参数（57 号泡沫材料）到最大的推荐值 0.5。

（8）对包含泡沫的接触，用*CONTACT 选项卡 B 来关掉 Shooting Node Logic。

（9）使用*contact_interior 卡，用*set_part 定义需要用*contact_interior 来处理的 parts，在*set_part 卡 1 的第 5 项 DA4 中定义*contact_interior 类型。默认类型是 1，推荐用于单一的压缩。在版本 970 里，ELFORM=1 的体单元可以设置 type=2，这样可以处理压缩和剪切混合的模式。

（10）如果用 mat_126，尝试 ELFORM=0。

（11）尝试用 EFG 方程（*section_solid_efg）。因为这个方程非常费时，所以只用在变形严重的地方，而且只用于六面体单元。

（12）ALE 方法通常是模拟大变形的流体或固体的首选方法。

（13）SPH 方法可能是一种可行的替代方法，尽管通常不建议在拉伸行为重要的情况下使用 SPH。

3.22 包壳处理

在整车碰撞分析中，由于泡沫材料的刚度比周围金属材料的刚度低很多，因此在接触时泡沫很容易出现负体积，从而导致计算出错的情况。在分析中我们经常使用包壳的方法来处理泡沫的负体积。

在使用 LS-DYNA 进行 CAE 分析时使用包壳的方法主要是为了改善体单元的接触质量，阻止体单元出现负体积。

将模拟泡沫的每个体单元都进行包壳，包壳即在实体单元表面生成一层与实体单元共节点的壳单元。包壳使用*section_shell 定义属性，一般设置厚度为 0.2～0.3mm；使用*mat_null 来定义材料，仅需定义密度、弹性模量、泊松比三个参数，且这三个参数的大小与所包的实体材料相同；将泡沫的包壳设置为*contact_automatic_single_surface。

第4章

接 触 篇

    LS-DYNA 程序的全自动接触分析功能易于使用，功能强大。现有 40 多种接触类型可以求解下列接触问题，即变形体对变形体的接触、变形体对刚体的接触、刚体对刚体的接触、板壳结构的单面接触（屈曲分析）、与刚性墙接触等，并可考虑接触表面的静动力摩擦（库仑摩擦、黏性摩擦和用户自定义摩擦模型）、热传导和固连失效等。

学习目标

(1) 掌握接触力的计算原理
(2) 掌握接触刚度的计算方法
(3) 掌握接触设置的注意事项

4.1 接触力的计算

LS-DYNA 提供 4 种接触力的计算方法，分别为分配参数法、动力约束法、Tied 约束法和罚函数法。

（1）分配参数法。

将每一个正在接触的从面单元的一半质量分配到被接触的主表面面积上，同时由每个从面单元的内应力确定作用在接受质量的主表面面积上的分布压力。在完成质量和压力分配后，程序修正主表面的加速度，然后对从面节点的加速度和速度施加约束，保证从面节点沿主表面运动。程序不允许从面节点穿透主表面，从而避免反弹。

处理接触界面具有相对滑移而不可分开的问题，如爆炸中爆炸气体与结构相互接触而没有分离。

此方法在结构分析中较少用到。

（2）动力约束法。

动力约束法是最早采用的接触算法，1976 年开始用于 DYNA2D 程序，它首先检查从面节点是否穿透主表面，并调整时间步大小，使那些从面节点都不穿透主表面，对所有已经和主表面接触的从面节点施加约束条件，从而保持从节点与主表面接触。另外，检查与主表面接触的从面节点所属单元是否存在受拉界面力，如有，则用释放条件使从面节点脱离主表面。只检查从节点（Slave Node）穿透主面，当主面网格较细时，主节点穿透从面（Slave Surface）会形成扭结（KINK）。该算法比较复杂，目前仅用于固连接触，即只有约束条件，没有释放条件。

（3）Tied 约束法。

与动力约束法基本相同。

（4）罚函数法。

罚函数法是 LS-DYNA 的默认算法，1982 年开始用于 DYNA2D 程序，然后扩充到 DYNA3D 程序，是目前应用广泛的接触力计算方法。

① 每一个时间步先检查各从面节点是否穿透主表面；

② 如果未穿透，则不对该从面节点做任何处理；

③ 如果穿透，则在该从面节点与主表面间、主面节点与从表面间引入一个较大的界面接触力，大小与穿透深度、接触刚度成正比，称为罚函数值；

④ 其物理意义相当于在其中放置一系列法向弹簧，限制穿透。

接触处理方式示意图如图 4-1 所示。

接触力由下面的公式计算：

$$F = K \cdot \delta$$

式中，K——接触界面刚度（由单元尺寸和材料特性确定）；

δ——穿透量。

该接触力算法方法简单，很少激起网格的沙漏效应，没有噪声，动量守恒准确，不需要碰撞和释放条件，为 LS-DYNA 的默认算法。

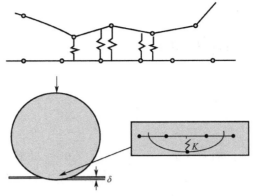

图 4-1　接触处理方式示意图

4.2　接触的搜索方式

LS-DYNA 的接触提供三种接触搜索方式供用户选择，分别是：

● 基于节点增量的搜索方式；

● 基于段的 bucket 搜索方式；

● 基于面段的搜索方式。

接触搜索方式由定义的接触类型（Automatic）和参数选择（SOFT）决定，在接触计算中不会发生变化。

若定义的接触类型为非 Automatic 接触，则采用基于节点增量的搜索方式；

若定义的接触类型为 Automatic 接触，则采用基于段的 bucket 搜索方式；

若在接触定义中选择 SOFT=2，则采用基于面段的搜索方式。

4.3　接触刚度的计算

当 SOFT（*contact_option）取值不同时，接触刚度的计算方法也随之变化。

● SOFT=0：接触刚度计算基于单元尺寸与材料体积模量。

● SOFT=1：接触刚度计算基于节点质量与稳定求解时间步长。

● SOFT=2：接触刚度计算与 SOFT=1 类似，但接触搜索采用基于面段的搜索方式。

（1）当 SOFT=0 时。

体单元接触刚度的计算：

$$k = \frac{\alpha K A^2}{V}$$

式中，K 是材料的体积模量，α 是罚函数缩放系数，A 是面段的面积，V 是单元的体积。

壳单元接触刚度的计算：

$$k = \frac{\alpha KA}{\text{Max shell diagonal}}$$

（2）当 SOFT=1 时。

接触刚度取以下两者中的较大值：基于弹簧-质量系统稳定性考虑而求得的结果 $k = \text{SOFSCL} \frac{m}{\Delta t^2}$；SOFT=0 时接触刚度计算所得结果。

（3）当 SOFT=2 时。

接触刚度计算采用与 SOFT=1 时相同的计算方法，但接触搜索方式不同。

Note

4.4　SOFT=1 的接触

切换接触 SOFT 值的命令是"soft="，例如：

"soft=2to1"将所有 SOFT=2 的接触转换为 SOFT=1；

"soft=1to2"将*surface_to_surface 和*single_surface 接触的 SOFT=1 转换为 SOFT=2。此选项不能设置与 SOFT=2 相关的其他变量，如 SBOPT 和 DEPTH。

在*contact 的可选卡 A 上设置 SOFT=1，而采用的接触算法与默认的罚函数接触算法（SOFT=0）相比，不像 SOFT=2 接触公式那样极端。

除了计算接触刚度的方式不同外，SOFT=1 与 SOFT=0 比较相似。SOFT=1 考虑到根据时间步长的稳定性来计算接触刚度。

换句话说，可以将 SOFT=1 看作一组简单的弹簧-质量系统，每个系统具有与仿真中使用的实际时间步长相匹配的 Court 时间步长。

对于软材料的接触或两个接触面的网格密度不同的情况，SOFT=1 通常比 SOFT=0 更有效。

当 SOFT=1 时，接触刚度计算如下：

$$k = \max(\text{SLSFAC} * \text{SFS} * k0, \text{SOFSCL} * k1)$$

其中：

k 是罚刚度；

SLSFAC 位于*control_contact 内；

SFS 位于*contact 的卡片 3 中；

SOFSCL 位于*contact 的可选卡片 A 中；

k0 为由材料体积模量和单元尺寸计算得到的刚度，这是当 SOFT=0 时使用的刚度；

k1 是由节点质量和求解时间步长计算的刚度（类似于基于质量和刚度来确定时间步长的方式）。

*control_contact 中的 PENOPT 可能也会影响接触刚度。

如果在某些情况下，必须获得接触刚度，可以在两个单元的模型中指定运动，通过单元穿透来获得 rcforc 的接触力。

当 SOFT=0 算法采用了比第二种算法更高的刚度时，该模型可能变得不稳定。由于第二种算法是基于稳定性的，所以使用较大的值并不是很有意义，但这是会发生的。

避免这种潜在的稳定性问题的一种方法是将第一种算法的刚度因子减小到非常小的数值，或者使用第二种算法。这是可能的，因为两种算法使用了不同的刚度因子。SOFT=0算法在卡片 3 上使用 SFS 和 SFM。第二种算法在卡片 A 上使用 SOFSCL，因此将 SFS 和 SFM 设置为 1e-6 这样小的数值，使 SOFT=1 更加稳定，但是必须使用 SOFSCL 的合理值。

接触时间步长的注意事项：

SOFT=1 的接触计算是 SOFT=0 刚度的最大频率，并警告用户不要超过该频率的稳定时间步长，但是 SOFT=2 不会这样做。因此，SOFT=1 会报告一个合理的时间步长（比如 1 毫秒或其他），而 SOFT=2 则报告了一个非常大的数字，如下所示：

```
slave surface of interface #    1 type= 13
surface timestep= 0.100E+17 current minimum= 0.100E+17
The LS-DYNA time step size should not exceed 0.100E+17
```

建议：接触不要对时间步长做任何限制，因为计算的时间步长也不可能太大。

4.5　修改接触刚度

（1）修改接触刚度最简单的方法是通过 *contact 卡片 3 上的刚度因子 SFS 和 SFM，如果 SOFT=1，则可修改可选卡片 A 上的变量 SOFSCL。把刚度因子设置为 10.0，大于其默认值，这将是一个不错的初步猜测。

（2）如果 SOFT=1 或 SOFT=2，降低时间步长将有助于增加接触刚度。这些接触的接触刚度与 1/（时间步长^2）成正比。在不实际降低时间步长的情况下，可选卡片 C 上的变量 DTSTIF 用来修改时间步长对接触刚度的影响。

（3）变量 FNLSCL 和 DNLSLCL 允许具有非线性的接触刚度，可见 *contact 的可选卡片 D 中关于 OPT 的备注。

（4）对于 MORTAR 接触（强烈建议用于隐式分析），见可选卡片 C 的变量 IGAP 和 IGNORE。上述 SFS 和 SFM 也会影响 MORTAR 接触刚度。

在碰撞分析中，动量守恒至关重要，我们使用的接触算法是基于罚函数的。

通过改变接触的罚刚度，可以改变力脉冲的形状，但脉冲应保持接近恒定。

通过减小刚度，将扩大脉冲范围和减小峰值力。如果罚刚度减小太多，将看到物体发生重叠，接触界面可能会崩溃；如果罚刚度过高，接触力可能过高，造成算法不稳定。

我们最关心的应该是动量传递，而不是力的大小。

4.6　一维接触的设置

在 LS971 Dev v. 85434 版本中，隐式模块新增了对一维滑移线接触的处理。

在这个功能出现之前，接触不是通过刚度矩阵来计算的，你会得到如下警告信息：

```
*** Warning 60046 (IMP+46)
****************************************************************
```

```
*  *
*               -  WARNING  -  *
*  *
*  The implicit solution phase  *
 *  does not support the feature:  *
*             1D Slidelines  *
*  *
************************************************************
```

关键字*database_nodal_force_group + *database_nodfor 可以提取一维接触力，它也可以在节点力组的节点上获取任何其他外力。

根据用户手册中 $n+1$ 时刻剪切力的表达式，在剪切力等于 GB * As * umax 时存在塑性屈服面。此屈服面随 EXP 和 Umax 而衰减。

GB * As * slip strain = force，因此，GB 的单位是应力。

SMAX 是单位应变（每单位长度的变化），是没有单位的量。

参数 As 为钢筋的表面积，As= 2 * pi * radius * length。

du 和 umax 是无量纲的"滑动应变"。

LS-DYNA 的一维接触遵循 LLNL DYNA3D，在 DYNA3D 手册（1993）中有一些关于一维接触的更多内容。

用户手册没有详细描述 SIGC 即 fc' 的使用，从源代码来看，最大允许滑移应变的表达式是：

```
umax = SMAX * [ 1 + 1.5(p/SIGC)^2 ] * e^(-EXP*D)
```

p 是接触时主接触面上的静水压。

4.7 两种单面接触

*contact_automatic_single_surface 与*contact_automatic_general 的区别。

*contact_automatic_single_surface 与*contact_automatic_general 一样都是单面接触，也就是说，该接触完全由面定义。这两种接触方式都考虑了壳厚度和梁厚度，即接触面在壳的中面和梁的中心线进行偏移。

*automatic_general 接触不同于*automatic_single_surface 接触的一个重要方面是处理梁接触和壳边接触。

*contact_automatic_general 沿壳的外部(未共享)边缘的整个长度进行接触穿透检查。

通过在*contact_automatic_general 中添加_interior 选项，内部（共享）的壳边缘也会被检查边到边的穿透。要将其应用于实体表面，需要在实体表面加上*mat_null 的壳，并在从接触面内包含该空壳的零件 ID。

换句话说，把*contact_automatic_general 看作在壳零件的外部边缘加上空梁，这样就可以通过自动生成的空梁的梁对梁接触来考虑壳体零件的边对边接触。

通过增加 INTERIOR，接触算法能更进一步，增加空梁到所有的壳网格的接触，包括外部和内部。

另一个区别是触发穿透节点发生释放时穿透的值（参见关键字用户手册中的表 6.1）。对于 automatic_general 接触，该值实际上是无限制的，而 automatic_single_surface 接触将在其穿透大约一半的单元厚度后释放穿透节点。

还有一个区别是，在默认情况下，automatic_general 接触检查节点穿透三个最近的段（"search depth" = 3），而 automatic_single_surface 只检查两个段。三个段的穿透检查更加耗时，但在角接触时可能更健壮。任何自动接触的默认"search depth"可以在*contact 的可选卡片 A 上被覆盖。

基于段的罚函数算法（通过在*contact 的可选卡片 A 上设置 SOFT = 2 来调用）可用于 automatic_single_surface，但不适用于 automatic_general_contact。

在 automatic_single_surface 接触中设置 SOFT=2 将完全改变接触算法。

若要将任何单个的面接触产生的接触力写入 RCFORC 文件，必须定义一个*contact_force_transducer_penalty。

*contact_automatic_general 的 IGNORE=1 具有不同的作用，这取决于用户使用的是 SMP（IGNORE 始终在内部重置为 0，从而移动节点以减小或消除初始穿透），还是 MPP（IGNORE=0 和 IGNORE=1 按照公布的那样工作）。

● SMP：IGNORE=1，对于类型 26 的接触则不予考虑。

● MPP：IGNORE=1，对于类型 26 的接触，即初始穿透不移动，直接施加接触力。

这种差异将来也不会改变，请避免对类型 26 的接触使用 IGNORE=1（或 2）。

4.8　梁与壳接触的设置

这里介绍梁单元和壳单元是否可以定义接触，以及使用什么卡片。

*contact_automatic_single_surface、*contact_automatic_general 或者*contact_automatic_nodes_to_surface 可以处理一些，但不是全部的 beam-to-shell-surface 的接触情况都能处理。

所有这些接触类型都考虑了厚度偏移，这意味着接触面是在壳中性面的偏移厚度的一半，在梁中心线的偏移量为梁等效圆形截面的半径。

当然，接触厚度可以由用户在*contact 的卡片 3 上设置，或者使用*part_contact 代替*part 来修改。

上面提到的前两种接触类型是单面接触，因此壳和梁都应包括在从面，主面为空。对于 automatic_nodes_to_surface 的接触，梁（或其节点）应该是从面，壳（或其段）应该是主面。

对于上述任何一个，搜索梁节点（或更准确地说，每个梁节点周围的球体）对壳表面的穿透。

对于梁与壳边的接触，可以使用*contact_automatic_general 加上空梁（使用*mat_null 的低密度梁）沿着（合并到）壳的外边缘。

所有的梁和空梁的零件都应包括在从接触面中，不用给定主接触面。对于这种接触类型，接触面从梁的中性面进行偏移。

971 R5.0 版本新增了 *contact_automatic_beams_to_surface，与 *contact_automatic_nodes_to_surface 不同的是，这种接触能够检测到梁长度附近的任何地方的接触。d3hsp 里将其定义为 "a5" 类型的接触。

4.9　接触的杀死和激活设置

可以通过表格来定义接触的生死，多次接触的生死时间也可以通过一条曲线来定义。

DR 阶段时 DT 被强制性设置为 1e+20，因此如果在 DR 阶段接触是激活的，那么在 DR 阶段它将始终保持激活状态。如果在 DR 阶段输入的是负值，则在 DR 阶段接触不是激活的。

4.10　接触中的 IGNORE 选项

当 IGNORE=1 时，在 time=0 时初始穿透被存储为参考穿透量，此时没有接触力，在每一个时间步内：

● 如果当前的穿透量大于参考穿透量，则产生接触力的有效穿透量等于当前穿透量减去参考穿透量；

● 如果当前穿透量下降而小于参考穿透量，则将参考穿透量更新为当前穿透量，有效穿透量为零，因此接触力为零。

如果检测到初始穿透，默认情况下，接触算法将移动穿透节点以消除穿透。节点的这种移动将明显改变初始几何。当改变初始几何时，不施加任何力。

如果 IGNORE 设置为 1，则当检测到初始穿透时，几何不会有改变。

相反，局部穿透是通过局部调整接触厚度来消除的。

类似地，如果在模拟过程中，突然发现一个从节点位于主面以下（例如，它移动得非常快，并且在穿透之前没有被检测到），那么旧的算法（IGNORE=0）只是将从节点移动到主面，而不施加任何力（我们称之为 "投射节点逻辑"）。

如果投射节点逻辑关闭（SNLOG=1），则可能会突然出现较大的力，以及负的接触能量。

如果 IGNORE 设置为 1，则投射节点逻辑开关 SNLOG 没有影响；相反，则突然大的穿透量被识别到并通过局部调整接触厚度来消除。

因此，在模拟期间，如果突然检测到穿透，程序将不施加任何较大的力，也不会移动任何节点。然而，接触力将阻止进一步的穿透。

IGNORE=2 与 IGNORE=1 具有相同的效果，唯一的区别是当 IGNORE=2 时警告消息被写入 d3hsp。

对于 *contact_automatic_general，不要使用 IGNORE=1 或 2。

投射节点逻辑：投射节点逻辑是在整个计算中移动节点，并不只是在初始时刻移动节点。我们移动节点以消除初始穿透，但这不是投射节点逻辑。当发现接触时，投射节点逻辑将节点移动回表面。如果将投射节点逻辑关闭，则我们仍然通过移动节点来消除穿透，但并不是在整个计算中移动节点。如果启用"忽略"（IGNORE）选项，则在初始化时不移动节点，并且关闭投射节点逻辑。

基于段的接触（SOFT=2）不使用投射节点逻辑算法。因为基于段的接触忽略了初始穿透，所以不需要投射节点逻辑。惩罚力与超过初始穿透的穿透量成正比，方程式为

$$f = k(d - d_i)$$

式中，f 为力，k 为罚刚度，d 为当前穿透量，d_i 为初始穿透量。

忽略 IGNORE 选项（可选卡片 C，或*control_contact 的第 4 张卡片）导致默认接触忽略初始穿透，这也使得投射节点逻辑变得不必要。

4.11 接触厚度

在 LS-DYNA 中，常用的两个厚度参数是 shell 的厚度和接触厚度，如图 4-2 所示。

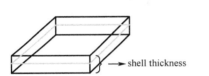
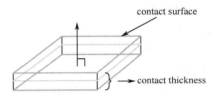

图 4-2　shell 的厚度和接触厚度示意图

shell 的厚度是物理上真实存在的，涉及板料的真实厚度，其参数大小直接影响壳的质量、体积、刚度等物理性质。通过设置 *element_shell 中的 T 参数，或者 *element_shell_thickness 中的 THICK 参数来定义 shell 的厚度。

接触厚度主要影响发生接触的范围，发生接触的主、从面进入彼此的接触厚度内才发生接触关系。默认的接触厚度等于壳的厚度。接触厚度不是物理上真实存在的，它不会影响物体的质量、体积、刚度等。接触表面是壳的表面通过偏置得到的。可以通过 *contact_option、*part_contact 来缩放接触厚度。

对于接触厚度的控制，首先要清楚厚度偏置的问题。所有的自动接触、自接触类型（Automatic、Single）都自动激活厚度偏置，shell 的接触厚度等于壳厚度的偏置。对于所有的非自动接触（Non-Automatic）类型，例如*contact_surface_to_surface，接触厚度是否激活是可以选择的，通过控制*part_contact 或者*control_contact 中的 SLTHK 参数来控制非自动接触类型的接触厚度偏置。

SLTHK=0：不考虑厚度偏置，采用 Incremental Search Technique 搜索算法。

SLTHK=1：考虑厚度偏置，但是刚体的厚度偏置除外，搜索方法为 Global Bucket Search。

SLTHK=2：柔性体、刚体的厚度偏置都考虑，搜索方法为 Global Bucket Search。

SLTHK=1、2 时，主、从面可以不连续。

对于厚度偏置，具体有以下偏置方式（见图 4-3）。

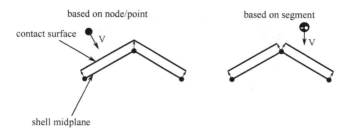

图 4-3　接触厚度偏置的示意图

下面以单面接触为例，详细阐述 LS-DYNA 在进行接触计算时实际采用的接触厚度。默认情况下，*control_contact 中 SSTHK=0，此时单面接触所使用的接触厚度为：

contact thickness=min(*section_shell、*element_shell_thickness、40%*smallest shell element edge length)

（*control_contact)SSTHK=1，(*part_contact)OPTT=0 时，接触厚度为：

contact thickness=(SFST or SFMT)*section_shell(T)（此时不设置 *element_shell_thickness）

contact thickness=(SFST or SFMT)* *element_shell_thickness(THICK)（此时设置 *element_shell_thickness）

（*control_contact)SSTHK=1，(*pat_contact)OPTT=non-zero 时，contact thickness=(SFST or SFMT)*OPTT。

综上所述，控制接触厚度的参数 SFST、SFMT 主要对接触厚度进行缩放，SST、MST 定义主、从接触的接触厚度，上述参数主要在*control_contact 中进行设置。*part_contact 中的 OPTT 设置接触厚度，只对 shell 有效。一般在做接触时，如果出现穿透，可以尝试设置 OPTT 参数，如 OPTT=1，有时可以有效解决穿透的问题。

4.12　*part_contact 对计算稳定性的影响

*part 卡片有 4 个 OPTION，CONTACT 只是其中的一个。

*part 与*part_contact 都可以定义 part 的材料、属性、沙漏控制等基本特性，而且定义效果完全相同。

但*part_contact 除上述功能外，还可以单独定义 part 的接触参数，如静摩擦系数、动摩擦系数、接触厚度等。用户可以更方便地对单个 part 进行接触相关性能的控制。使用*part_contact 定义接触参数的 part 在计算中覆盖*contact 中定义的接触参数。

*part_contact 代替*part 定义壳单元的 component 不会影响计算的稳定性。

4.13 快捷更改零件接触厚度

LS-DYNA 有三种方法控制零件接触厚度：

*section_shell → T1，T2，T3，T4；

*contact_option → SST，MST，SFST，SFMT；

*part_contact → OPTT，SFT。

在模型优化过程中，通过修改*part_contact 中的 OPTT 与 SFT 可以方便快捷地改变零件的接触厚度。使用这种方法更改零件的接触厚度，有两个注意事项：

（1）当该零件所涉接触*contact_option 中 FS=−1 时，*part_contact 中设置的参数才起作用。

（2）只有下列接触类型才可以使用*part_contact 设置零件接触参数。

● single_surface
● automatic_single_surface
● automatic_node_to_...
● automatic_surface_...
● automatic_one_way_...
● eroding_single_surface
● automatic_general

4.14 摩擦接触的设置

获得摩擦系数的最佳方法是进行试验，应该选择一组合理的系数，并做一次敏感性分析。结果可能不敏感，系数的值也不重要。

注意，有时*contact 卡片 2 上的 VC 对于限制摩擦力是很重要的。

还可以指定指数衰减，它控制着从黏着到滑动的转变，反之亦然。

VREL 是在接触部位的接触体的相对速度，它由 LS-DYNA 计算，并有速度单位。为了使指数无量纲化，参数 DC 也有单位，其单位为速度的逆。

接触相互作用可以涉及黏着（VREL=0）或滑动（VREL≠0）。当这种相互作用采用库仑摩擦定律进行数值处理时，必须能够平稳地在静摩擦系数和动摩擦系数之间光滑过渡，指数 DC 和 VREL 就是为此而考虑的。

注意，当 VREL=0 时，它会产生 FS，这对应黏着的情况。现在，当 DC*abs（VREL）达到约 4.0 的值时，指数控制着第二项下降，因此 MU 仅在 FD 的几个百分点之内，这相当于滑动；当 DC*abs（VREL）在这些值之间时，则处于过渡状态，而 MU 是 FS 和 FD 的组合。

DC 的值由分析人员来确定，必须确认"我认为某物的相对速度在什么程度上在滑动"。使用 VREL 的临界值，然后分析师选择一个 DC 值，使用上面提到的经验规则，这样 DC*abs（VREL）= 4.0。当 VREL 达到临界值时，MU 几乎等于 FD。

来自 *contact_force_transducer 的摩擦能量被记录在 sleout 文件中。但是请注意，这只适用于 MPP，并且只适用于双面的力传感器。由于它们的实现方式，不可能在 SMP 或 MPP 中计算单面力传感器的摩擦能。

glstat 中的"滑动界面能"包括由于接触穿透而产生的能量和由摩擦引起的能量。因此，摩擦能并不是 glstat 的某个单独项。

摩擦能是 sleout 的某个单独项。

sleout 中的从面接触能和主面接触能之和等于 glstat 中的滑动能。

两者都等于法向接触能之和与摩擦能之和。由此，可以推断出法向接触能之和是（从–主）摩擦能的和。

可以将 LS-DYNA 的摩擦能写入二进制 intfor 数据库，操作步骤是：

（1）将 *control_contact 卡片 4 上的 FRCENG 设置为 1。

（2）需要命令 *database_binary_intfor（设置一个输出间隔）。

（3）将接触输出开关设置为 1（SPR 和/或 MPR），以便接触表面包含在 intfor 数据库中。

（4）在执行行中输入"s=<any_name>"，以便为 intfor 数据库指定一个文件名。

可以使用 LS-PrePost 对 intfor 数据库进行后处理，就像读 d3plot 数据库一样，把它读进去就可以了。

LS-PrePost 把摩擦能密度记录为"Surface Energy Density"，接触段的摩擦能是段的表面能密度乘以段面积。

所有段（段面能量密度×段面积）的总和给出滑动能的摩擦能分量。

若要考虑摩擦生热，请在 *control_contact 中设置 FRCENG=1，且必须使用 *control_solution 的命令将分析设置为耦合的热/结构分析，输出温度为总温度（包括摩擦加热、发热、塑性应变等）。

当不同温度的表面接触时，*contact_..._thermal 或 *contact_surface_to_surface_thermal_friction 将由于热传导而在界面上传递热量。当使用 _thermal_friction 选项时，接触导热系数可能取决于温度和/或接触压力。

如果接触导热系数是压力的函数，则以前所需的 *load_surface_stress 不再需要，除非在 *mat_037 的特殊情况下。

如果接触界面上也存在摩擦，则可以通过 _thermal_friction 选项根据温度来缩放摩擦系数。

*contact_..._thermal 中的 FTOSLV 允许用户指定分配到从表面的滑动摩擦能的百分比，该方法于 2015 年 7 月推出。

默认的假设是 50%-50% 的滑动摩擦热能分配给从段和主段。

3D 问题的 contact_(option)_thermal 关键字上的参数（CHLM）已经淘汰，最后只在 LS-970 中使用。该参数决定了其用于接触从面的能量占滑动摩擦热能量的百分比 f。然后（$1-f$）的能量传导到主面。参数 f 是界面每侧的材料热特性的函数。对于金属工具的坯料——模具来说，热性能是相当的，所以 50%-50% 百分比是可接受的。然而，因为在转子和衬垫之间具有金属–陶瓷或金属–合成材料组合，所以对于汽车盘式制动器来说，

50%-50%百分比是不正确的。

摩擦生热不适用于侵彻接触，对于 SOFT=2 选项也不适用。

thermal_friction 选项允许：

（1）接触热阻可以是压力、温度、间隙的函数，使用 define_function，速度虽然不是参数，但它可以很容易地添加进去。

（2）机械摩擦系数可以是速度、温度的函数。

*contact_automatic_surface_to_surface_thermal_friction 只适用于 dev 版本，只有在 ncpu>0 时才能工作。

无论 ncpu 的代数符号如何，它在 R7.0.0 中都不起作用。

 非自动的接触（*contact_surface_to_surface_thermal_friction）且 SHLTHK=THKOPT=1，只有在 R7.0.0 中且 ncpu>0 时才能工作。

*part_contact 允许用户为每个零件定义不同的摩擦系数，以一种特殊的方式处理变化的摩擦系数问题。

此选项要求将*contact 的 FS 设置为-1，在没有*part_contact 命令的情况下，包含在触点中的任何零件将从*control_contact 卡片 3 中获取摩擦系数。

实际上，摩擦系数取决于接触的两种材料，可以通过*define_friction 以这种方式分配摩擦系数，此选项要求*contact 的 FS 设置为-2。

衰减系数是一种从静态到动态摩擦过渡并具有 1/速度单位的数值方法。

如果没有给出衰减系数的值，则将不存在过渡，并且将使用静态摩擦系数。

可以使用电子表格来绘制摩擦系数与相对速度的关系，用户手册中给出的 DC 公式的说明如下。

作为参照，如果：

DC*|VREL| = 0.7，摩擦系数介于 FS 和 FD 之间；

DC*|VREL| = 4，摩擦系数基本上等于 FD。

摩擦系数随着压力而变化时，*contact_surface_to_surface 或 *contact_one_way_surface_to_surface 的 FS 被设置为 2，并且考虑厚度偏置时（可见*control_contact 或*contact 的 SHLTHK），FD 可以输入表格的 ID。

表*define_table 中列出压力（p1，p2，p3，…，pn）作为横坐标值。

不需要表的纵坐标值。

在*define_table 的后面，需要为表中定义的每个压力设置一个*define_curve。

每条曲线定义了表中相应压力值下相对速度所对应的摩擦系数。

例如，假设在接触定义中设置 FS=2 和 FD=100 来使用表 100。想要定义三个压力值下的摩擦系数与相对速度的表格，输入如下所示：

```
*define_table
100
$   pressure values are 5, 100, and 800
5
100
```

```
800
*define_curve
101
$ friction coef vs. rel vel  corresponding to p=5
0, .3
10,.2
100,.18
*define_curve
102
$ friction coef vs. rel vel  corresponding to p=100
0, .4
10,.3
100,.28
*define_curve
103
$ friction coef vs. rel vel  corresponding to p=800
0, .5
10,.4
100,.38
```

注意，第一个曲线 ID = 表 ID+1，每个后续曲线 ID 增加 1。

正交异性摩擦的定义有两种不同的方法。

（1）*contact_..._ortho_friction。

- 适用于 SMP/MPP；
- 仅适用于 auto_s2s 和 auto_1way_s2s，必须适用于 segment sets；
- 每段设定 1 和 2 个方向的角度；
- 可选摩擦系数与相对 vel 和界面压力的 2D 表格。

（2）*define_friction_orientation。

- 应用于材料成型方面；
- 仅用于 SMP 版本。

4.15 温度相关的接触设置

K 不一定与接触物体的性质相关，而与填充物体之间间隙的流体（假想的或未假想的）的性质有关。请注意在*contact_..._thermal 的备注中提到的 h 对 lgap 的依赖性，即

```
h = H0                          for 0 <= lgap <= LMIN
  = hcond + hrad                for LMIN < lgap <= LMAX
  = 0                           for lgap > LMAX
```

当紧密接触（lgap < LMIN）时，需要两个物体之间的强热传导。但是，在间隙中传

递热量需要依赖基于罚函数的数值方法，其中 H0 可以被认为是具有尺寸的罚函数因子。如果 H0 设置为任意高的数值，则会引起数值的不稳定性，因此必须仔细选择 H0。为了让 H0 具有一定的物理意义，通常将其设置为水的沸点，即 H0=10 000（对于 SI 单位制）。

考虑到所有这些，可以用空气或水的热传导系数（K）来表示空隙中的流体，或者这两个物体的热传导系数的平均值。最好的选择是对分析来说最有意义的选择。

注意，当我们知道物体始终处于接触状态（接触界面上没有间隙）时，通常设置 LMIN=LMAX = 0.1 * 单元尺寸。那么，它要么是 H0 要么是 0（如果碰巧有一个间隙），即忽略 K/GAP。

Note

4.16   接触设置的注意事项

Mortar 接触可用于局部/困难接触的情况，它通常在第一个时间步起作用且不需要调整任何输入变量，计算资源的增加也是微不足道的。

自动接触与非自动接触：

显式模拟大多数推荐使用自动接触。

非自动接触（接触方向非常重要）有时被用于金属成型模拟，其中几何是非常简单的且接触表面的方向可以可靠地建立。

非自动接触通常被推荐用于隐式模拟。

（1）接触类型。

接触类型 13（contact_automatic_single_surface）是一个单一的表面接触（没有定义主表面），它总是考虑壳体的厚度，并且没有方向要求。因此，在对壳单元建模时有必要在它们之间预留一个小的间隙。为避免初始穿透，间隙应不小于可能接触的两个壳体的平均厚度。实体单元之间不需要有间隙。

接触类型 13 的接触搜索算法比接触类型 3（contact_surface_to_surface）或 a3（contact_automatic_surface_to_surface）更加复杂，即类型 13 可以处理壳边到面等接触情况，在一定程度上可以处理梁到面的接触情况。与单一的表面接触类型一样，RCFORC 文件中没有接触力，必须定义 contact_force_transducer_penalty 后才会输出接触力。

接触类型 3 是一个面到面（双向）接触，其中可以在 *contact 或 *control_contact（*contact 优先级更高）中打开或关闭壳厚度的考虑。

接触段的方向对于这种接触类型非常重要，因为壳体仅在一个方向上进行接触搜索。

在这种 surface_to_surface 的双向接触中，首先检查从面上的节点是否穿透主面，然后再检查主节点是否穿透从面。唯一例外的是通过设置 SOFT=2 打开基于段的接触。

接触类型 a3 没有方向要求（壳在中面的两侧都进行接触搜索），并且总是考虑壳的厚度，因此在这方面，它非常类似于接触类型 13。

用户手册中的表 6.1 列出了定义穿透节点何时从接触搜索中释放的最大穿透 d, 这个距离 d 对于接触类型 3 和接触类型 13 是不同的。

SOFT 是 *contact...可选卡片 A 的第一个参数。

SOFT 的默认值是 0。除了直接指定接触刚度的方式外，SOFT=0 与 SOFT=1 大致相同。

在接触刚度计算和接触穿透的搜索方式上，SOFT=2 与 SOFT=0 有很大的不同。SOFT=2 使用的是"基于段的接触"。

（2）IGNORE 选项。

在模拟过程中，如果突然发现一个节点位于接触面以下（例如，它移动得非常快，在穿透之前没有检测到），那么旧的算法（IGNORE=0）只是将节点移动到主面，而不施加任何力（称为"投射节点逻辑"）。

如果关闭投射节点逻辑（SNLOG=1），则会突然出现很大的力，还有负的接触能量。

如果 IGNORE 设置为 1，则投射节点开关 SNLOG 没有任何作用。相反，突然的穿透会被识别到并通过局部调整接触厚度来处理。

因此，在仿真期间，如果检测到突然的穿透，则程序不施加任何大的力，也不施加任何节点的移动。

然而，接触力将阻止进一步的穿透。

SLSFAC 是接触刚度的无量纲缩放因子，适用于所有基于罚函数的接触，也适用于 *contact_...的命令。如果接触显得太软，可以考虑增大 SLSFAC；反之，如果接触太硬，则减小 SLSFAC。对于显式模拟，SLSFAC 很少使用，改变刚度的一个更好的方法通常是设置 SOFT=1（或 2）。

对于隐式模拟，通常需要增大（或减小）SLSFAC 一个或多个数量级，才能获得良好的接触行为和收敛的解。

根据经验，SLSFAC 的默认值为 0.1，这对于具有相同网格细化（在显式模拟中）的刚性材料之间的接触而言是良好的值。

4.17　接触的输出

在 LS-DYNA 中，最常用的接触输出文件是 rcforc，它包含主面、从面每个节点的接触力（Global Cartesian Coordinate System）的 ASCII 文件。输出 rcforc 必须在 K 文件中包含*database_rcforc，同时必须在 *contact_option 接触控制卡片中激活参数 SPR=1、MPR=1。需要注意的是，对于单面接触，像*contact_automatic_single_surface，使用上述方法是无法输出 rcforc 的。此时要输出接触力，必须引入 *contact_force_trancducer_penalty 定义接触力传感器，这样才能达到输出单面接触类型的接触力的目的。

接触面之间的滑移界面能，可以通过设置*database_sleout 输出到 sleout 中。可以通过分析 sleout 文件来评估接触的稳定性，例如，查看是否有负的滑移界面能出现等。合理调整接触定义参数。

接触摩擦能云图输出：接触定义时，一般设置 FS、FD 这两个摩擦系数。通过设置 *control_contact 中的 FRCENG 可以计算摩擦产生的能量。同时设置*database_binary_intforl 将摩擦能记录到 intfor 文件中，并在 LS-DYNA 提交运算的命令行中加入 s=*intfor 输出摩擦能文件。

（1）*control_contact。

接触设置的卡片如图 4-4 所示。

SFRIC	DFRIC	EDC	VFC	TH	TH_SF	PEN_SF
0.0	0.0	0.0	0.0	0.0	0.0	0.0
IGNORE	FRCENG	SKIPRWG	OUTSEG	SPOTSTP	SPOTDEL	SPOTHIN
0 ∨	1 ∨	0 ∨	0 ∨	0 ∨	0 ∨	0.0
ISYM	NSEROD	RWGAPS	RWGDTH	RWKSF	ICOV	SWRADF
0 ∨	0 ∨	1 ∨	0.0	1.0000000	0 ∨	0.0

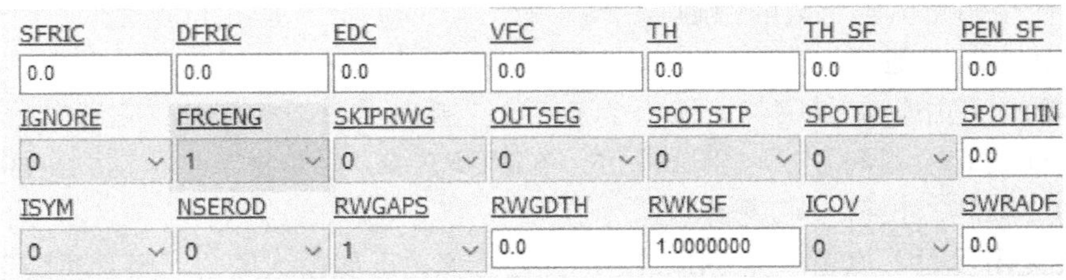

图 4-4　接触设置的卡片

FRCENG=0，在接触计算中不计算接触摩擦能；

FRCENG=1，在接触计算中计算接触摩擦能。

（2）*database_rcforc。

rcforc 输出了总的接触力（在前一个输出间隔内平均）。它与面段之间的接触力分布没有任何关系。

有两个可选的输出文件/数据库，可用于评估接触力的分布情况，即 nodfor 和 intfor。*contact 卡片 1 上的输出标志 SPR 和 MPR 必须用于标记哪些接触在这些补充文件中输出。

（3）*database_nodfor。

nodfor 输出节点处的接触力的时程数据。

（4）*database_binary_intfor。

intfor 是一个二进制数据库文件，需要在命令行中使用"s="来标识 intfor 数据库的实际名称。

在*database_binary_intfor 中设置合理的 DT 控制输出接触摩擦能的间隔，另外可以设置*database_extent_intfor 更细致地控制接触摩擦能的计算输出。

在使用命令提交 LS-DYNA 任务时，在命令行中添加 s=name_of_intfor 参数即可。在计算完成后生成相对应名称的 intfor 文件。

使用 LS-PrePost 打开计算得到的 intfor 文件后，使用 FriComp 功能对 Surface Energy Density 进行云图显示即可。

使用 Selpar 来选择感兴趣的接触表面，也可以画出接触力和接触应力的云图，以及特定节点和段的这些量的时间历程曲线。

（5）在计算热固耦合仿真时，通过设置*control_solution 中的 SOLN=2，可以把摩擦热能作为热源耦合到热计算中。

4.18　三种接触的参数差异

焊点一般使用*contact_spotweld 来实现连接；粘胶与包边在显式分析中可使用*contact_spotweld 或*contact_tied_nodes(shell_edge)_to_surface 来实现连接，而在隐式分析中，为了增加模型收敛性，粘胶与包边一般使用*contact_tied_nodes(shell_edge)_to_surface

实现连接。

焊点、粘胶、包边都是通过接触来实现连接的，所以接触卡片可使用相同的参数。在碰撞分析中，三种均可使用*contact_spotweld 来实现连接，若不考虑连接的失效，可以进行统一设置。但焊点和粘胶一般使用实体单元模拟，包边一般使用梁单元模拟，为了修改方便，最好将焊点和粘胶一起设置，而包边单独设置。

4.19　不同的定义焊点

使用*contact_tied_nodes_to_surface 或*contact_spotweld 定义焊点时，使用 node_set 和 part_set 定义 Slave Segment 有什么区别？对结果有什么影响？

*contact_tied_nodes_to_surface 或*contact_spotweld 都可以用于定义焊点的连接，对于 LS-DYNA 焊点计算并没有什么区别。使用这两种方法都可以很好地定义焊点连接。

对于某一个焊点连接的定义，使用 node_set 和 part_set 定义 Slave Segment 效果是相同的。在实际工程应用中，如果焊点单元的节点不会发生改变，使用 node_set 没有什么问题。如果焊点单元的节点发生变化，如将 beam 单元焊点更换为体单元焊点或生成新的焊点，则 node_set 也要及时更新，否则新的节点将失去连接。如果使用 part_set，LS-DYNA 将自动确定要与壳单元连接的节点，所以推荐使用 part_set 的方法定义 Slave Segment，这会使焊点连接的定义更加方便。

4.20　安全带出现穿透的解决方法

在整车侧面碰撞分析中，副驾驶假人与安全带在计算过程中出现穿透的解决方法。

在侧面碰撞模型中，设置假人的衣服为主面，安全带为从面，进行假人与安全带的接触的定义。由于安全带和假人的衣服实际厚度较薄并且在碰撞过程中变形较大，因此容易造成假人与安全带出现穿透的情况。

可以采取以下措施在整车碰撞中避免假人与安全带出现穿透：

（1）增加假人衣服和安全带的接触厚度；

（2）使用 Segment 作为对象定义假人与安全带的接触。

4.21　判断接触控制是否失效

可以使用 LS-DYNA 的 SENSOR 进行控制。具体涉及三个关键字：*sensor_define_force，*sensor_switch，*sensor_control。可以这样理解：*sensor_define_force 负责监测接触力，将获得的接触力数据交给*sensor_switch 进行判定（此关键字中集成了各种判据），判定完成后将结果传给*sensor_control，由*sensor_control 来关闭或者打开某些功能。

接触控制关系如图 4-5 所示。

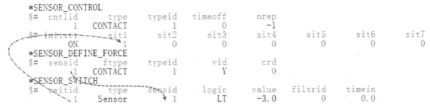

图 4-5　接触控制关系

4.22　不同的 SLSFAC 会有不同的接触力

对于铝板撞击泡沫矩形块的模型（所有零件都用实体单元），不同的 SLSFAC 会有不同的接触力。

当 SLSFAC 为默认值 0.1 时，最大接触力为 5200 lbf，但当 SLSFAC=0.5 时，最大接触力为 9100 lbf。对于 SLSFAC=0.5 的情况，冲击时间也会相应减少。

这就是有限元分析中罚函数接触算法的特性。

力的振幅和持续时间确定了脉冲（在力与时间曲线下的面积）。

对于铝板撞击泡沫矩形块的模型（所有零件都用实体单元），不同的 SLSFC 会有不同的接触力。SLSFAC=0.1，最大接触力为 5200 lbf；SLSFAC=0.5，最大接触力为 9100 lbf。

对于相当宽范围的接触刚度，脉冲相对不敏感。接触行为的"正确性"应主要通过观察零件如何相互作用来判断。稍微穿透是产生接触力所必需的，但是穿透相对于单元尺寸应当比较小，以便在观察仿真动画的同时几乎察觉不到。

接触能量（也称滑动能量）为接触行为提供了更多的观察方式。

第5章

工程应用篇

　　随着市场竞争的加剧，产品更新周期越来越短，企业对新技术的需求更加迫切，而有限元数值模拟技术是提升产品质量、缩短设计周期、提高产品竞争力的一种有效手段。所以，随着计算机技术和计算方法的发展，有限元法在工程设计和科研领域得到了越来越广泛的重视和应用，已经成为解决复杂工程分析计算问题的有效途径。

学习目标

　　(1) 掌握碰撞分析的指导经验
　　(2) 掌握预加载荷的处理方法
　　(3) 掌握工程问题的注意事项

5.1　碰撞分析的推荐步骤

1．单元形状

如果可能，避免使用三角形单元、四面体单元、五面体单元，刚体不受此限制。

如果使用三角形单元，在*control_shell 卡片中设置 ESORT=1。

如果使用四面体单元，在*control_solid 卡片中设置 ESORT=1。

2．壳单元的翘曲刚度

翘曲的壳单元通常表现为太软。

对于翘曲的 B-T 壳单元，在*control_shell 中设置 BWC=1，且 PROJ=1（对于翘曲刚度需要调用代价更高的全投影方式，这种方式能够阻止刚体旋转）。

对于 ELFORM=16 的全积分单元，需要使用沙漏公式，设置 IHG=8，调用翘曲刚度。

3．壳单元

在*control_accuracy 卡片中设置 INN=2 可以调用不变的节点编号，使用不变的节点编号可以使分析结果对单元连接节点顺序不再敏感。

在*control_shell 卡片中设置 ISUPD，可以开启壳单元厚度的更新，现在此选项在碰撞分析中不需要开启，而在金属成型分析中需要开启。如果考虑壳厚度减薄，需要设置 PSSTUPD 且 STUPD=4。

如果壳单元进入塑性变形阶段，沿厚度方向的积分点数量至少为 3 个（通过*section_shell 卡片中的 NIP 设置）。

设置壳单元剪切因子有两个途径，一是将*section_shell 卡片中的 SHRF 设为理论值的 5/6，二是将*section_shell 中的 LAMSHT 设为 3 调用层压壳理论。

设置*control_bulk_viscosity 卡片中的 TYPE=-1，可打开壳单元体积黏性选项。

4．体单元

单元积分类型选择 ELFORM=1，并选择适当的沙漏控制方法。

5．沙漏控制

如果使用*control_hourglass 卡片定义整个模型的沙漏控制，在适当的时候可以使用*hourglass 卡片对指定的 Part 进行沙漏控制并且会覆盖*control_hourglass 对该 Part 的影响。在导入已标定的壁障或头部模型时要慎用。

对于金属和塑料材质的零件，推荐使用刚度沙漏控制的方法，定义 IHQ=4，QM=0.03。

对于泡沫和橡胶材质的零件，推荐 IHQ=6，QM=0.5~1。对于较软的材料，使用刚度沙漏控制的方法（IHQ=4、5），即使沙漏系数选择较小，也会导致材料过刚。

6．材料

如果塑性材料模型中考虑了应变率的影响，则设置 VP=1。这时在计算过程中使用塑性应变率而不是整体应变率，结果也会比较顺滑。

应力-应变曲线应该是光滑的，特别是对于泡沫材料。

空壳与空梁的质量被计算在总质量中。若附加质量是特意设定的，则会给空壳与空梁赋予一个很小的质量值。

曲线的横坐标应该处于一个合理的范围内，如果需要 LS-DYNA 会自动进行外推。

7．连接

节点刚体：应避免一个节点的刚体和节点刚体拥有无意义惯性的情况，因为这种情况下，刚体会被删除而且在 d3hsp 文件中生成警告信息。

8．铰链

铰链节点对应该相隔一个合理的距离。

增加铰链罚刚度因子代替斜率时，时间步长系数应该相应减小，以增加稳定性。

9．离散弹簧

弹簧单元的节点不能是无质量节点。

如果使用非线性弹簧材料，要定义压缩和拉伸的刚度。

弹簧单元的方向为由节点 N1 指定 N2。

10．可变形焊点

避免自由的或悬浮的焊点存在。

注意没有连接的焊点节点，在 d3hsp 文件中有警告信息。

其他接触要排除焊点单元，如果焊点使用了材料本构*mat_spotweld。

如果使用*contact_spotweld_torsion，则调用壳单元的刚度阻尼。

体单元焊点以后更有发展，它对焊点布置的敏感度较低，梁单元焊点可以通过*control_spotweld_beam 自动转换为体单元焊点。

11．刚体

刚体支持细化网格，细化网格带来的计算损失很小，而且会提升接触力分布的真实性。

对*mat_rigid 材料卡片要输入合理的弹性模量，否则会影响接触刚度。

对刚体进行约束时，不要对刚体的节点进行约束，而是使用*mat_rigid 的卡片 2 或*constrained_nodal_rigid_body 的 SPC 选项对刚体进行约束。

12．初始速度

注意刚体的初始速度定义，刚体的初始速度定义的优先级如下：*initial_velocity_rigid_body，*initial_velocity 定义 IRIGID 参数，*part_inertia，*initial_velocity_generation。如果刚体的初始速度突然掉落，应使用双精度求解器进行计算或使用*initial_velocity_rigid_body 进行刚体初始速度定义。

应该使用 0 时刻的速度向量图对初始速度做最终确认。

13．并行计算

对于 SMP 的并行计算，为了保证计算的一致性，在提交命令行应该定义 ncpu=-|#procs|。

14．接触

在生成网格时，应该考虑壳厚度的因素。

避免冗余的接触定义。

仅使用 AUTOMATIC 类型的接触。

对于非常薄的壳单元，应该增加接触厚度以避免接触分离。

假使有较小初始穿透的存在，推荐设置 IGNORE=2 或 SOFT=2。

差异较大的材料进行接触时，推荐使用 SOFT=1（效果较 SOFT=0 要好）。

接触面存在尖锐边角时，设置 SOFT=2。

Beam-To-Beam 的接触使用 automatic_general 接触类型。

15．后处理

查看动画结果，检查不符合现实的行为，比如一个零件明显穿透另一个零件。

- 在 glstat 和 matsum 结果文件中检查能量的情况；
- 定义*control_energy 开启相关能量的计算；
- 能量比应该接近于 1.0；
- 沙漏能应该小于内能峰值的 10%；
- 如果没有定义接触摩擦，glstat 文件中的接触能量应该是弹性的，因此当零件不再接触时，接触能量为 0；
- 如果接触摩擦非 0，接触能量应该是正值而且未必很小；
- 当使用质量缩放时，在 glstat 文件中检查质量增加；
- 应该进行质量增加敏感性研究，以证实当前质量增加的合理性。

5.2　保证整车模型较小

问题：如何处理 Added Mass 的增加？如何确定 Added Mass 的部位？什么因素影响 Added Mass？从建模初期开始控制，需要控制什么质量，以保证整车模型 Added Mass 较小？

在整车碰撞分析中，通常会使用质量缩放的方法调整计算时间步以减少计算的总时间，通过*control_timestpe 中的 TSSFAC 与 DT2MS 来调整计算时间步。

如果模型中的单元时间步小于（TSSFAC*DT2MS），则通过增加该单元质量的方法来调整该单元的时间步长，使其达到（TSSFAC*DT2MS），以加快计算速度。在调整时间步长过程中，模型中所有单元增加的质量均称为 Added Mass。

在 glstat 文件中可以查看整个模型的 Added Mass，而在 matsum 文件中可以查看每个 Part 的 Added Mass。设置*control_extent_binary>STSST=3，可以在结果中输出壳单元

的质量增加云图，直观地查看 Added Mass 的部位。

一般质量增加小于模型总质量 5%且质量增加不出现在重要零件时，我们认为结果可信度较高。

单元的时间步长和设定的 TSSFAC*DT2MS 会影响 Added Mass。当整个模型的质量增加超出要求时，通过减小 TSSFAC*DT2MS 或增加单元时间步长来减小质量增加。减小 TSSFAC*DT2MS 会导致整体计算时间变长，而增加单元时间步长需要在建模时就予以考虑。

单元的时间步长由单元的特征长度和单元的材料特性决定，单元的材料确定后，只能通过增加单元的特征长度或减少 DT2MS 的绝对值来减小 Added Mass。

杆、梁、索单元的特征长度为单元的长度。

体单元的特征长度为：单元体积/max（体单元表面面积）。

壳单元的特征长度有几种确定方式，经常使用的方式如下。

三角形单元的特征长度为：min（三角形单元的高）；四边形单元的特征长度为：max（单元面积/最大边长，最小边长）。

从以上各种单元的特征长度可以看出，在建模阶段控制模型质量增加，主要是控制单元尺寸的大小。

5.3 碰撞模型规模与计算时间的关系

模型规模一般表示模型的单元数目和模型的详细程度，同时也包含连接关系的细化、材料数据的准确性、失效的定义和新算法的采用。

碰撞模型计算时间：Time=计算步×单元数目×每计算步所需计算时间。
其中

计算步= termination time/Δt，Δt 为时间步长，由最小单元特征尺寸决定。计算步基本与单元尺寸成线性关系，碰撞模型的模型规模增大，如模型单元数目从 150 万增加到 300 万，不是单纯网格数量的增加，网格的细化会导致单元尺寸减小，具体的计算步数值与不同网格规模的单元最小尺寸相关。即 300 万单元的模型，最小单元尺寸为 2mm 和 3mm 的计算步是不同的，计算时间肯定也不相同。

单元数目：该因素可以通过网格规模的增加直接得出。该因素与总计算时间成线性关系。

每计算步所需计算时间：进行每个时间步计算所用的 CPU 时间。在模型规模增加的同时，模型的建模方式也会发生变化，可能使用更加详细的方法进行建模，如螺栓连接从直接使用刚体连接升级为使用实体单元模拟依靠接触进行连接，这会增加每个时间步计算所用的时间；另外，模型规模增加会导致接触区域的增加，每个时间步进行接触搜索、接触力计算的时间相应会增加很多，这也会增加每个时间步计算所用的时间；此外，还有其他因素的影响，所以每计算步所需时间对总计算时间的影响很难准确评估。

综上所述，确定建模规范后，计算步与单元数目对总计算时间的影响可以直接进行评估，但每计算步所需计算时间需要根据模型具体情况进行测试。

Note

5.4 刚体连接与惯量及质心

LS-DYNA 提供了以下 5 种刚体之间的连接方式：

（1）使用壳单元连接；

（2）使用 Beam(ELFORM=1,2,6,9)单元连接；

（3）使用 Spotweld 连接；

（4）使用*constrained_rigid_bodies 连接；

（5）使用 Joint 连接。

使用第 4 种方式连接两个刚体会影响从刚体的惯量及质心，而其余几种方式均不会影响两个刚体各自的惯量及质心。

5.5 总能量突然上升的原因

使用 LS-DYNA 进行碰撞分析，计算开始的第 1 个时间步总能量曲线会出现突然上升的情况。

如图 5-1 所示，建立测试模型。两个板件由 8 个焊点进行连接，其中 4 个 Solid 焊点，4 个 Beam 焊点。

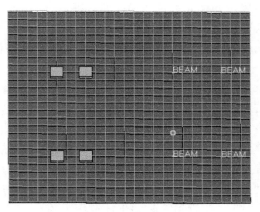

图 5-1　测试模型示意图

模型定义如下：

Dt2MS=-9e-7，DT(*mat_spotweld)=1e-6；

Initial Velocity=100mm/s（x 负方向）。

对测试模型进行测试，发现在第 1 个时间步，总能量突然增加。

经过对模型和结果进行分析，发现由于总动能在第 1 个时间步的突然增加导致了总能量在第 1 个时间步的突然增加。动能由速度和质量决定，结果中第 1 个时间步的速度和初始时刻保持一致，可以得知由于质量增加导致了总能量的突然增加。

从 d3hsp 文件中可以得知，在 $t=0$ 时刻：

KE=0.5 × (physical mass + added mass) × (initial velocity)^2 =1.83740，与 glstat 文件中输出的动能一致。

可见，在 $t=0$ 时刻，质量增加（added mass）已经考虑在整体质量中了。

在 t=dt1 时刻，dt1 时刻动能= 0.5 × (physical mass + added mass + total added spotweld mass) × (initial velocity)^2 =1.84415，与 glstat 文件中输出的动能一致。

由此可知，在第 1 个时间步，由于 *contact_spotweld 使焊点单元与壳单元 Tied 连接，使焊点单元产生的质量增加在第 1 个时间步计入总质量，导致动能在第 1 个时间步发生突然增加，从而导致总动能在第 1 个时间步突然增加，进而导致总能量在第 1 个时间步突然增加。

5.6　接触能、沙漏能、能量比的范围

在整车碰撞分析中，一般接触能> -5%总能量，沙漏能< 5%总能量，能量比< 2 时，我们认为结果较为合理。

能量比 Energy Ration=Total Energy/(Initial Energy + External Work)，理论上能量比应为 1.0。实际上进行整车碰撞分析时，由于质量增加会引起能量比的提高。当能量比<2 时，我们认为结果的精度可以满足分析需求。

5.7　轮胎内能抖动的处理

主要是由汽车轮胎的阻尼定义不当或没有定义引起的。阻尼的合理定义会减少轮胎在运动过程中不停拉动的情况。在整车碰撞分析中，一般将轮胎封闭结构定义为 *airbag_simple_pressure_volume_id 来模拟胎压，如果气袋中的 MVW（质量阻尼系数）定义不当或没有定义，就会导致气袋的内能一直在抖动，进而引起总能量也在抖动，推荐使用 MVW=0.3。

5.8　造成负界面能的原因

产生负界面能的两种主要原因是初始穿透、基于 Segment 的接触厚度偏置。

初始穿透：计算开始，程序检查是否存在初始渗透，如果存在，程序会把渗透的从节点弹回接触面上。在此过程中无外界施加能量，此处产生负的滑动界面能。

解决办法：

（1）简单模型查看 MESSAGE 和 D3HSP，手动调整模型；

（2）通过 contact 关键字中的 SFST 和 SFMT 人为减小接触厚度（小渗透有好处，大渗透帮倒忙）；

（3）通过全局的*control_contact 设置 IGNORE，忽略所有初始渗透。

基于 Segment 的接触厚度偏置：节点在两段的交界处检查不到渗透产生，所以会滑到接触厚度中去，此时程序发现有渗透节点存在，必定会给它施加一个接触力，把它弹回接触面上。这时整个系统在对从节点做功，消耗它的接触势能（但此前没有得到动能的补充），所以表现为负的滑动界面能。模型基于 Segment 的接触厚度偏置示意图如图 5-2 所示。

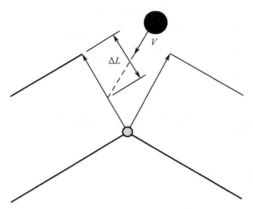

图 5-2　模型基于 Segment 的接触厚度偏置示意图

解决办法：

扩充主段的接触面，在 contact 关键字中设置 MAXPAR 参数，使得接触面能够发现接触穿透。

5.9　glstat 中的速度与设置不一致

使用 LS-DYNA 进行碰撞分析时，在模型中设置整车初始速度（*initial_velocity）v=13861mm/s，而 glstat 中 t=0 时刻的整车速度为 14391.5mm/s，与模型中设置的初始速度不一致。

建立测试模型，如图 5-3 所示。

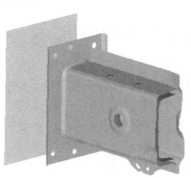

图 5-3　测试模型示意图

模型中设置的初始速度：Initial Velocity=13861mm/s。

从结果文件 d3hsp 中可知：Physical Mass=1.6786E-3 ton，Added Mass=3.1584E-4 ton。

从结果文件 glstat 中可知：Global Velocity=16469mm/s。

通过计算可知：

```
Global Velocity=[Physical Mass/(Physical Mass + Added Mass)] x (Initial
Velocity=16469mm/s
```

即 glstat 中输出的 Global Velocity 是 Mass Ratio 与 Initial Velocity 的乘积。其中 Mass Ratio 是物理质量与总质量的比值。

由此可知，glstat 中输出的 Global Velocity 并不是结构的真实速度。

导致 Initial Velocity 与 Global Velocity 不同还有以下几个原因：

（1）在定义初始速度时，没有选择所有节点，而是有节点遗漏。可以在初始速度定义时选择 ID 或 NID=0，即选择所有的节点进行验证。

（2）在模型中使用*part_inetia，但在初始速度定义时没有设置 IRIGID=1，忽略了 *part_inertia 所包含节点的初始速度，可以在初始速度定义 IRIGID=1 中进行验证。

（3）glstat 文件中 Global Velocity 是包含了刚性墙在内的所有节点的平均速度，与初始速度会有所不同。

（4）模型中定义轮胎的初始转动速度和重力场也会导致 Global Velocity 与 Initial Velocity 有所不同。

5.10 非零的 z 向速度的处理

在整车正面碰撞分析中，初始时刻（整车还没有与壁障接触）与 RBE2 和 BEAM 相连的节点（整车结构的节点）会出现非零的 z 向速度。

使用两个正面碰撞模型进行测试（使用 R5.1.1 和 R6.1.0 版本进行计算），在初始时刻，与 RBE2 和 BEAM 相连的节点（整车结构的节点）中出现 z 向速度的节点，一般速度在 1e-3 数量级左右，而 x 向速度在 1e-4 数量级。这些节点出现微小的 z 向速度是由软件的算法引起的，对整体结果影响较小，可以忽略。

使用 R7.1.1 版本对两个正面碰撞模型进行测试，初始时刻与 RBE2 和 BEAM 相连的节点（整车结构的节点）z 向速度为零。

如果要详细考察初始时刻的整车性能，建议使用 R7.1.1 及后续版本进行计算。

5.11 刚体零件不随模型运动

问题：在对模型设置统一初速度后提交计算，发现刚体零件不随模型运动，没有初速度，这个问题怎么解决？

出现这种现象，主要原因是对刚体赋初速度失败，导致刚体零件没有初速度，在计算过程中，其并不会跟随模型运动。此时需要检查初速度关键字设置。

（1）*initial_velocity。

*initial_velocity 卡片如图 5-4 所示。

NSID	NSIDEX	BOXID	IRIGID	ICID
VX	VY	VZ	VXR	VYR	VZR
0.0	0.0	0.0	0.0	0.0

图 5-4 *initial_velocity 卡片

① NSID=0，表示对整个模型的所有节点都赋予初速度。

② IRIGID=-1，表示此关键字指定的初速度会覆盖*part_inertia 和*constrained_nodal_rigid_body_inertia 设置的速度。这个关键字直接影响刚体的初速度赋值。

（2）*initial_velocity_generation。

*initial_velocity_generation 卡片如图 5-5 所示。

① NSID/PID= 0，表示对整个模型赋予初速度。

NSID/PID	STYP	OMEGA	VX	VY	VZ	IVATN	ICID
	1		0.0	0.0	0.0	0	
XC	YC	ZC	NX	NY	NZ	PHASE	IRIGID
0.0	0.0	0.0	0.0	0.0	0.0	0	

图 5-5 *initial_velocity_generation 卡片

② IRIGID=1，覆盖*part_inertia 和*constrained_nodal_rigid_body_ inertia 中的初速度设定。

在使用*intial_velocity_generation 进行初速度设定时，尽量使用 LS-DYNA R7 及以上版本求解器进行求解。否则容易出现 checking generated velocity data generation set… 的错误。此时要考虑更换初速度关键字，推荐使用*initial_velocity。

在进行初速度加载后，等计算很长时间后，发现有些零件初速度没有加上，再更改初速度加载方式，这样比较耗时。此时有个小技巧：当提交计算后，下载 d3plot、d3plot01，读取第 1 个时间步的速度云图，查看速度是否一致，如果一致，证明初速度全模型加载成功；如果不一致，表明有些零件初速度未加载成功，检查关键字参数是否设置正确。

5.12 不同的计算结果

问题：LS-DYNA 版本升级之后计算结果和原来版本的不同，在自己单机计算的结果和在服务器上计算的结果也不同，这种现象是否正常？

关于客户提出的诸多使用 LS-DYNA 计算结果不一致的情况做如下总结：

使用不同的计算版本导致计算结果不一致，其中的版本不只包括 LS-DYNA 版本号，也包括 mpp 与 smp，同时还有单精度与双精度的选择。

使用不同的计算平台导致计算结果不一致，计算平台不同包括如下情况：

- 计算平台的硬件配置不同（如 HP 工作站与 Dell 的工作站不同）；
- 计算平台的系统配置不同（安装 Windows 系统与 Linux 系统）；
- 计算时使用的资源数量不同，即计算时使用的 CPU 数目不同（使用 32CPU 进行计算与使用 16CPU 进行计算），会导致计算结果不同。

产品开发周期较长，在开发过程中可能面临着 LS-DYNA 版本升级，计算平台的硬件更新，在开发任务较紧的情况下可能租借外部计算资源进行计算，这些情况都可能造成前后计算结果不一致的情况。为了保证计算结果的一致性，请避免以上三种情况出现。

国外汽车 OEM 厂商使用 LS-DYNA 的经验可能会给我们起到借鉴作用。

最好做到：同一个项目开发过程中，始终保持所有的分析在同一平台下使用相同的 CPU 数目进行求解，始终保持所有的分析在同样的硬件环境下使用同一版本的求解器进行求解。

国外的汽车公司基本都将求解器固定在某一个较稳定的版本，在分析时严格按上述要求进行操作，尽管某个项目有可能持续几年时间。

5.13　长时间运行的处理

LS-DYNA 显式求解器适合进行瞬间分析。如果必须进行长时间的分析，可能会因为能量异常、接触异常或其他异常导致计算错误终止或计算结果不合理。下面我们整理了一些长时间求解的建议。

把终止结束时间（*control_termination）设置得越小越好，可以减少仿真时间。你可能想要模拟一些短时间的物理现象，其中的动态效应是必须考虑的。比如汽车碰撞、击打高尔夫球等，需要预估模拟计算以及获取希望的分析结果需要多长时间，根据估计设置终止时间。

在分析过程中，不希望惯性影响分析结果，就像对结构施加一个静载荷。在显式求解中施加载荷太快，惯性效应会对结构响应产生显著影响。载荷施加非常快，最后会变得更像一个碰撞分析。使用显式分析进行静态载荷分析的最佳方法是载荷路径以半正弦函数加载，逐渐提升到最终载荷，载荷持续一段时间逐渐提升会得到与系统特征频率相关的内能相比合理的较小的动能。最低的准静态分析载荷合理提升时间为系统标准周期的 1.5～2.0 倍。据此设置工况的结束时间。

可以通过质量缩放来减少 CPU 时间。对于准静态分析，选择性质量缩放更有优势。它不会让你设定更短的终止时间，而是时间步长可以更大。

当使用显式时间积分时，对于在相对较长的时间内模拟尺寸非常小的变形物体的分析，没有什么好办法。较多的质量缩放可能会成为问题，必须保证添加的非物理质量不会显著影响结果。提升加载速率从而缩短仿真时间的方法可能存在同样的问题。

单元大小是影响显式计算时间步长非常重要的因素，单元越小，显式时间步长越小（或质量增加越大）。因此，过度的网格细化对运行时间有两方面的不利影响：①减小了时间步长（质量增加提高）；②计算过程中需要求解更多的单元数量。

通过在 d3hsp 文件中搜索字符串"smallest"，找到模型中影响最小时间步长的单元，确保时间步长不受少数小单元的控制。如果只有少量的小单元控制时间步长，则可以在这些单元周边区域进行网格重划或者将它们设为刚体。

尽管这很明显，但是只要有必要就可以运行。这就意味着，在跌落分析工况中，给落体分配一个初始速度，并把它放在距离地面很近的地方。在碰撞之后，只运行足够长的时间来得到需要的结果。

对于时间步数非常多的模拟，建议使用 LS-DYNA 的双精度求解器，这样可以最小化圆整误差。运行双精度会带来大约 30%的 CPU 消耗。

自动的显式/隐式转换可能是一个选择。使用该技术，用户可以指定时间窗口使用与显式时间积分相反的隐式时间积分。隐式时间积分的一个优点是，时间步长与单元大小无关，因此可以让时间步长更大。当然，就 CPU 而言，每一个隐式时间步长花费的时间也更多。此外，并不是所有的 LS-DYNA 特性和材料都可以在隐式分析中使用。

5.14　计算时间设定太短

问题：在计算过程中发现模型中设定的计算时间太短，使用重启动能延长计算时间吗？

LS-DYNA 的重启动为显式动力学计算提供了更大的灵活性，用户可以根据自己的需求对计算进行控制。

重启动意味着执行一个新的分析。重启动可以从前一个分析完全结束后开始，也可以从前一个分析的中断开始。LS-DYNA 每一个计算阶段完成后，都会输出一个 d3dump 文件，d3dump 文件包括分析所需的全部信息，使用该文件可以方便地实现重启动分析。

LS-DYNA 提供三种重启动方式，即简单重启动、小型重启动和完全重启动。

（1）简单重启动。在计算时间达到终止时间之前停止计算时，可以使用简单重启动使计算在上次停止计算的时刻开始继续计算，但不能更改任何关键字和参数。简单重启动适用于由外部原因导致的计算停止，如停电、硬件故障、软件故障等情况下继续开始计算，或由于计算资源的问题用户自主终止计算，不想再浪费已计算的部分，想要继续开始计算的情况。

（2）小型重启动。可以按 LS-DYNA 要求对模型进行微小改变后继续进行计算，可以更改的部分有：

- 改变计算终止时间；
- 改变输出文件的输出间隔；
- 改变载荷曲线；
- 改变初始速度；
- 改变位移约束；
- 删除单元；
- ……

使用小型重启动可以改变模型的计算终止时间，但需要用户编制重启动文件。

例如，用户想将原来的计算时间由 100ms 增至 150ms，需编写一个重启动文件

restart_in.k（该文件名可任意设置），内容如下：

```
$restart_in.k
*keyword
*control_termination
0.15
*end
```

并且在提交计算时，提交命令需要修改为：

```
i=restart_in.k r=d3dump01
```

> 必须使用同版本的求解程序，即重启动分析不能更改 LS-DYNA 的版本；
> 提交计算时使用的内存设置相同，memory 和 memory2 的设置不能改变；
> 提交计算时使用的 CPU 设置相同，重启动分析所使用的 CPU 数目不能改变。

（3）完全重启动。当模型改变较大时可以选择使用完全重启动。完全重启动可以做更多的改变，包括增加参与计算的 part、新增材料模型、增加载荷和接触等。

5.15　预加载

使用 dynain 文件进行预加载，dynain 文件包含一系列关键字，这些关键字可以插入输入文件中，用于初始化变形、壳单元的厚度、单元历史变量（应力、塑性应变、材料模型相关的额外历史变量）、应变张量。

如果模型文件里有*interface_springback_lsdyna，LS-DYNA 会在计算结束时生成一个 dynain 文件。或者，LS-PrePost 可以从 d3plot 的任一输出帧中写出一个 dynain 文件，通过指令 Output→dynain ASCII 完成。

当从 dynain 中初始化时，相关的接触处理为：

如果预加载引入了接触力，dynain 通常不是一个理想的方法来初始化后续的分析，因为 dynain 文件不能初始化接触力。

如果预加载过程中存在接触力，但初始化时没有加上接触力，会打破预加载分析的平衡状态。在第二次分析时会产生振荡，直到接触力达到平衡。并且，新的平衡状态和原来的平衡状态会稍有不同。

一个假设且未经证实的方法用来在 dynain 中考虑接触力是设置接触开始时间 BT（*contact 里的第二个卡片）为一个很小的值，比如 1e-10，并且设置*contact 的可选卡片 B 中的 SNLOG 参数为 1，IGNORE 参数为 0，SOFT 参数为 0 或者 1。

主要考虑在初始化过程中初始穿透不会被移除，在一个时间步后接触作用生效，而且产生出穿透深度对应的接触力。在这个方法中，第 1 个时间步没有平衡，因为接触力为零。但在第 2 个时间步，近似恢复了平衡。不同工况下，这个方法的实际效果可能不一样。

mortar 接触可以使用 dynain 进行初始化，见*interface_springback_lsdyna 中的参数

CFLAG，CFLAG 传递接触状态可能是很重要的，特别是 tie 信息。设置这个参数为 1，将为 tied、tiebreak 和 tied weld 选项接触输出 mortar 接触的 tied 接触面段信息。

生成的 dynain.lsda，需要用 LSDA 格式（FTYPE=3），可以在后续分析中恢复接触状态。前后两次分析适合用的 LS-DYNA 版本和核数可以改变，接触类型也可以改变（例如从 tied weld 改成简单的 tied），接触 ID 号和组成面段的节点 ID 号不能改变。如果前后两次分析，零件或单元被移除了，导致某些接触面段也被移除，那么这些移除的接触面段会在分析中被忽略。

这种方法在仿真中常见的多工步计算中比较好用。

使用动态松弛进行预加载。

运行隐式动态松弛的步骤：

（1）设置*control_dynamic_relaxation 中的参数 IDRFLG=5 和动态松弛终止时间DRTERM。

（2）添加必要的关键字*control_implicit 来控制动态松弛阶段的隐式分析。至少需要添加关键字*control_implicit_general 并设置其中的参数 DT0 为一个正值。

（3）使用*define_curve 定义一个线性的斜坡加载，并且*define_curve 的参数 SIDR=1。这个斜坡加载时间一般等于第一步中的参数 DRTERM。

（4）推荐使用*database_binary_d3drlf 从隐式动态松弛中进行动态松弛的结果输出，这里面的输出间隔是以循环数为单位的，而不是时间。

（5）*control_implicit_dynamics 用来控制隐式分析是静态的还是瞬态的。

（6）为了在动态松弛结束后施加初始速度，设置*initial_velocity_generation 中的参数IPHASE=1。

隐式动态松弛的一个替代方法是通过曲线进行隐式显式转换（*control_implicit_general 的第一个参数输入一个负的曲线的 ID 号）。

5.16   模拟预紧力加载和失效的螺栓

CAE 分析中模拟螺栓连接需要注意以下两点：

● 螺栓的轴向运动需要克服螺栓连接的预紧力；

● 螺栓的径向运动需要准确模拟螺栓与连接孔的相互作用。

在螺栓的建模过程中若要准确考虑螺栓的失效，首先要考虑螺栓与连接孔的作用和预紧力的施加，其次要考虑使用合适的失效准则模拟螺栓的失效。模拟螺栓的建模步骤如下：

（1）螺栓头和螺母用刚体壳单元模拟表面。螺杆用三段 Beam 单元模拟，两端的Beam 使用刚体材料且分别与螺栓头和螺母相连，中间的 Beam 是 ELFORM=9 的可变形焊点梁，使用*mat_spotweld 材料模型。

（2）在连接孔边缘建立一圈 Beam 单元，这些 Beam 单元的直径以不与模拟螺杆三段 Beam 穿透为标准进行调整，使用*mat_null 材料模型，材料参数与连接件相同。

（3）螺栓头、螺母及连接件建立自接触，模拟真实情况中螺栓连接与连接件的相互作用；模拟螺杆的三段 Beam 单元与连接孔边缘的 Beam 单元建立*contact_automatic_ general 接触，模拟螺栓受到外载时与连接孔的相互作用。

（4）模拟螺杆的中间 Beam（ELFORM=9），使用*initial_axis_force_beam 关键字施加规定的螺栓轴向预紧力。

（5）螺栓的失效可以通过*mat_spotweld 中的材料失效模型定义。

在建模过程中的注意事项：

（1）在建模过程中，连接孔边缘创建的一圈 Beam 单元与模拟螺杆的 Beam 单元不能存在穿透和干涉，并且它们之间不能有缝隙的存在。因为是在它们之间创建接触来模拟螺杆与螺栓孔之间的相互作用关系，所以要特别注意两者之间的空间关系。

（2）通过*initial_axis_force_beam 关键字施加 Beam 单元的预紧力，有两种方法。

第一种方法：使用动态松弛的方法先对 Beam 单元施加预紧力。这种方法适合于模型规模较小且结构简单的情况，否则可能在动态松弛分析中难以达到收敛。

第二种方法：在动态分析中直接对 Beam 单元施加预紧力，如图 5-6 所示，从 0 到 t1 时刻之间对 Beam 单元施加规定的预紧力，t1 时刻之后预紧力一直保持。这就要求，动态分析应该在预紧力施加结束后才能开始，即动态分析的开始时间是 t1，结束时间应该为原来的 Termination Time + t1，且预紧力施加的时间越长，螺栓在动态分析中越稳定。

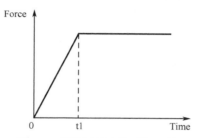

图 5-6 螺栓预紧力的时间函数

（3）使用*mat_spotweld 材料模型中的失效准则可以方便地进行螺栓失效定义。如果使用 6 向力/力矩的方式定义 Beam 失效，这时的方向是 Beam 单元自身的 r、s、t 方向。尤其在考虑剪切应力失效时，要注意 Beam 单元 N3 节点的位置，确定正确的 t 方向。

5.17 模拟踏板回位弹簧的作用及限位功能

LS-DYNA 提供两种模拟踏板回位弹簧和踏板限位功能的方法：

（1）踏板与支架使用扭转弹簧+旋转铰链的方法模拟，用*mat_spring_nonlinear_elastic 定义弹簧的刚度曲线，既可以模拟弹簧的性能又可以模拟限位功能。

（2）踏板与支架使用旋转铰链模拟，并使用*constrained_joint_stiffness 来定义铰链的刚度和旋转角度，以模拟弹簧的性能及限位功能。

5.18　施加强制旋转运动

强制旋转施加在节点上（*boundary_prescribed_motion with DOF=5,6,7,8），且只能是变形体的壳单元和梁单元的节点。

如果施加的节点（比如实体单元的节点）没有旋转自由度，则该强制运动没有效果。

*boundary_prescribed_motion_set 中的 DOF=5,6,7,8 是强制节点旋转，而不是让一个零件绕某个轴旋转。如果让一个零件绕某个轴旋转并且这个轴平行于总体坐标系的 x、y、z 轴，可以使用 DOF=9, 10, 11 并加上 OFFSET1 和 OFFSET2。

5.19　壳单元发生畸变

问题：Beam 单元（ELFORM=9，mat_spotweld）在初始时刻速度异常，Beam 周围的壳单元发生畸变怎么办？

使用一系列 Beam 单元（ELFORM=9）模拟两个零件之间的连接，可以方便地对其连接进行失效定义。而实际结构中连接位置的零件之间距离非常小，这就导致作为连接作用 Beam 单元的尺寸可能非常小。例如：连接两个钣金件时，Beam 单元的长度为 1mm，从计算结果中可以看出，第 1 个时间步 Beam 单元周围的壳单元发生畸变。改变该处连接方式，将 Beam 单元的长度增加至 4mm 时，Beam 单元周围的壳单元变形正常。经过对模型进行测试，由于 Beam 单元（长度 1mm）尺寸太小，导致这一系列 Beam 单元产生相对较大的质量增加，使用*mat_spotweld 材料本构 Beam 单元的质量增加，将在第 1 个时间步增加到总质量中，使 Beam 单元的动能在第 1 个时间步急剧增加，进而对周围的壳单元产生影响。所以 Beam 单元长度为 1mm 时会导致与其相连的壳单元在第 1 个时间步发生畸变。可以从以下两个方面考虑解决该问题：

● 修改整体时间步长控制，使 Beam 单元不产生很大的质量增加；
● 依据当前时间步长，增加 Beam 单元的尺寸。

5.20　模型不报错的原因

问题：在整车碰撞分析中，删除被 extra_node 引用的刚体 part，模型不报错，可以正常计算，这是什么原因？

在整车正面碰撞建模过程中，extra_node 和其引用的刚体 part 在不同的 include 文件中进行定义。修改模型过程中，删除了刚体 part（extra_node 引用的刚体 part），但是 extra_node 关键字中保留了与刚体 part 的引用关系。如果该模型提交计算，在初始化的过程中，会出现"找不到 extra_node 引用的刚体 part"的错误。然而在实际计算过程中模型没有报错，还可以正常计算。

经过对模型的测试与调整，发现刚体 part 虽然被删除，但在模型中存在一个 PID 与刚体 part ID 号相同的 RBE2。

在创建 RBE2 时，通过 *constrained_nodal_rigid_body 与 *set_node 两个关键字共同进行定义。*constrained_nodal_rigid_body 中的 NSID 指定节点集 ID，而使用前处理软件创建 RBE2 时，有时不会指定将 SET ID 指定给 NSID，而是指定给 PID。当 *constrained_nodal_rigid_body 卡片中的 NSID=0 时，NSID=PID。而 PID 不是必须定义的参数，所以删除了刚体 part 后，extra_node 引用了 RBE2 的 PID 作为其刚体 part。因此在计算时不会报错，但 extra_node 中定义的节点/节点集将与该 RBE2 刚性连接在一起，与实际情况不符。

在删除刚体 part 时，应该修改或删除 extra_node 的定义。

Note

5.21 衬套的模拟方法

在汽车碰撞分析中，有两种模拟衬套的方法：

（1）使用 *element_discrete 的方法模拟。因为 Discrete 单元只有一个自由度且只能模拟弹簧或阻尼特性，所以要完整模拟衬套 6 个方向的刚度和阻尼，需要 6 个弹簧单元、6 个阻尼单元，共 12 个单元来模拟衬套性能。

（2）使用离散梁单元（*element_beam，ELFORM=6）模拟衬套。离散梁单元有 6 个自由度，且通过材料可以直接定义刚度和阻尼属性，所以要完整模拟衬套 6 个方向的刚度和阻尼，仅需一个离散梁单元即可。我们通常使用离散梁单元来模拟衬套，一般使用 *mat_66、*mat_67 来模拟离散梁的材料特性。

另外还有几点需要注意：

（1）一般使用 0 长度的离散梁来模拟衬套；

（2）离散梁仅需两个节点（N1,N2）进行定义，第三个节点 N3 不是必需的；

（3）通常定义局部坐标系来指定刚度与阻尼的方向；

（4）必须定义衬套实际的体积，因为需要根据体积与密度来计算衬套的质量；

（5）在材料定义时，若某个方向的刚度参数没有定义，则该方向为自由运动。

5.22 二氧化碳保护焊的模拟方法

在整车碰撞分析中一般有三种方法来模拟二氧化碳保护焊，分别为：

（1）使用一排实体焊块连接；

（2）使用 RBE2 一一对应连接；

（3）使用 Tied 直接连接焊接的两个零件。

通过比较分析发现，使用这三种方法模拟的二氧化碳保护焊在碰撞变形中，整体结构运动保持一致。使用 Tied 模拟方法在连接的局部区域单元化发生畸变，在变形剧烈时连接可能失效，使用另外两种方法均可正常模拟。在汽车碰撞中，推荐使用 RBE2 一一对应连接节点的方法模拟二氧化碳保护焊。

5.23 刚性墙能量

在*control_contact 的卡片 5 中有三个参数是关于刚性墙的。

在隐式分析中，刚性墙的接触是基于罚函数的。因此会有一些合理的穿透，见参数 RWKSF（*control_contact 卡片 5 的第 5 个参数）。

关于刚性墙的能量：根据理论手册，刚性墙能是耗散能，其大小等于与刚性墙相互作用的节点的动能改变（详见 2006 版理论手册第 557 页）。

相反，滑动接触能的非摩擦部分是弹性可恢复的能量。

因此有两种模拟刚性面的方法：

（1）使用*rigidwall_planar；

（2）创建一个固定的、使用*mat_rigid 材料的刚性面，用*contact_与其他 Part 建立接触。

这两种方式不是等效的。第一个是纯塑性的碰撞，第二个是纯弹性的碰撞（假如忽略摩擦）。

刚性墙能量也包含了刚性墙力的摩擦部分。

5.24 考虑旋转的预应力

预加载旋转转子/叶片有三种不同方法。

（1）显式分析的动态松弛：预加载和显式分析在一个模型中。

（2）隐式分析的动态松弛：隐式预加载和显式分析在一个模型中。

（3）两步分析：首先是隐式预加载分析，输出 dynain 文件，然后使用显式分析，调用 dynain 文件进行预加载。

5.25 输出功能与理论计算不一致

问题：旋转运动的模型结果输出的整体动能与理论计算的动能不一致，这是什么原因？

如图 5-7 所示，某零件绕通过其质心的旋转轴转动，结果文件 glstat 中输出的整体动能与理论计算的结果并不相符。

下面为针对这个问题的讨论步骤。

首先进行理论计算：

```
Total Mass(d3hsp)=0.15600000e-08
Angular Velocity=100
```

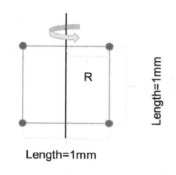

图 5-7　某旋转模型示意图

然后进行节点动能计算：

```
KE=0.5 x I x (Angular Velocity)^2=4.875e-7
其中I=(Nodal Mass) x (R)^2, Nodal Mass=Total Mass/4, R=Length/2
```

整体动能是各节点动能之和，整体动能 KE=4 × 4.875E-7=1.95e-6。

建立两个模型，进行 CAE 测试分析。

模型 1：旋转零件使用刚体材料。

模型 2：旋转零件使用柔体材料。

从 glstat 文件可知：模型 1 整体动能为 1.95e-6，模型 2 整体动能为 2.92500e-6。

如果材料为刚体，则 glstat 给出的动能与手算的动能是相等的；

如果材料为变形体，则 glstat 给出的动能与手算的动能是有差距的，但是可以通过增加网格量来缩小差距。

5.26　实现绕某一轴做旋转运动

问题：*part_inertia 中 VTX、VTY、VTZ、VRX、VRY、VRZ 为全局坐标的平动速度和转动速度，如何在此卡片中实现绕某一轴做旋转运动（非全局坐标的某轴）？

一般不在*part_inertia 中设置速度参数。上述问题，关于刚体基于局部坐标系速度加载，可以使用*initial_velocity_rigid_body 进行加载，通过此关键字中的 ICID 选择加载速度的坐标系。

5.27　回弹处理

显式分析后，在结构件中产生了弹性和塑性应变，需要得到的是在载荷卸除以后的最终变形。

下面介绍了三种方法。

方法 1 和 2 需要一个 dynain 文件，该文件描述了显式分析后模型的最后状态。在显式模型中使用* interface_springback_lsdyna 生成 dynain 文件。dynain 文件包含关键字

* node、* element、* initial_stress，它们描述了显式分析后的最终状态。

方法 1：进行单独的隐式分析以计算回弹状态。在新的文件中调用 dynain，并删除施加的载荷。使用* control_implicit_general（以及可选的其他* control_implicit _...）调用隐式分析，该分析会将模型从初始状态（由 dynain 文件描述）计算到最终的回弹状态。通常，隐式分析是一个多工步的静态分析。

回弹运行产生的 dynain 文件（sb.dynain），可用于在需要预应力条件下初始化后续的瞬态分析。此外，如果要使用与回弹模拟结束时不同的网格和/或不同的初始方向，请参阅用户手册中的* include_stamped_part。

方法 2：进行单独的显式动态松弛分析以计算回弹状态。在新的文件中调用 dynain，并删除施加的载荷。

通过在虚拟负载曲线(* define_curve)中将 SIDR 设置为 1 来调用动态松弛(aka DR)。在 DR 运行中，可以将终止时间在* control_termination 中设置为零，因为我们希望动态松弛完成后要停止任务。

回弹分析的结果将存储在 d3drlf 文件（* database_binary_d3drlf）中。

方法 3：不需要 dynain 文件，可直接转换显式分析到隐式分析。

当显式动态分析结束后，简单快速地切换至隐式分析，并删除载荷。

通过定义一条曲线来调用该开关，该曲线指示哪些时间为显式运行，哪些时间为隐式运行。

该曲线的横轴是时间，纵坐标在隐式求解时为 1.0，在显式求解时为 0.0，因此该曲线是阶跃函数。在* control_implicit_general 中设置 IMFLAG 为 |曲线 ID |（必须带负号）。

比如在做叶片旋转预应力时，将弹性叶片预加载指定的角速度，然后在从 $t = 0$ 到 $t = 2$ 的显式分析中以该速度旋转，之后在从 $t = 2$ 到 $t = 3$ 的隐式分析中弹性弹回。

SPR 选项（即*control_implicit_option_spr）仅在隐式回弹阶段设置，这适用于通过* interface_springback_seamless 或 IMFLAG <0（曲线）调用的回弹。

在无缝回弹期间，始终会打开自动时间步控制。*control_implicit_auto 不会更改此激活。如果指定了 DTMIN 和 DTMAX 的值，会使用这两个值。

请注意，默认情况下会调用隐式稳定算法来进行无缝回弹。要关闭隐式稳定，必须在* control_implicit_stabilization 中添加 IAS = 2。

默认情况下激活了自动时间步控制，以实现无缝回弹，所以在 d3hsp 中可以看到步长的改变。

5.28 安全带、预紧器、滑环的定义

使用如下关键字进行定义：*element_seatbelt_option、*mat_seatbelt、*section_seatbelt、*database_sbtout、*database_history_seatbelt。

● 在 v970 版本中，安全带单元是 1D（2 节点）单元，可以和各种安全带零件交互（滑环、预紧器、卷收器）。

● 在 v971 版本中，用户可以用壳单元（4 节点）定义安全带，也可以和各种安全带

零件交互（滑环、预紧器、卷收器）。

2D 安全带在应用上更灵活，精度更高，*section_shell 中的 EDGSET 定义安全带横向的一排有顺序的节点。例如，如果在安全带横向上有 2 个 4 节点的安全带单元，则 EDGSET 应该按顺序包含 3 个节点，见*element_seatbelt 中的 N3、N4。2D 安全带使用材料*mat_seatbelt。

有时候，如果卷收器节点振动过大，会引起收敛问题。这时请确保卷收器节点与结构刚性连接在一起。

关于卷收器的一些注意事项：

（1）所有的卷收器必须锁定后才能工作。

（2）传感器必须先触发，通常这个触发时间为保险杠撞墙后 1ms 内，也意味着在仿真时间 1ms 开始。

（3）在传感器触发后，有一个物理时间延迟，才进行卷收器锁止。这个时间延迟用参数 Tdel 定义，通常让这个值为 0，也可以根据用户卷收器的设计指定为几毫秒。

例如，我们可以设定"Tdel=5ms"（注意：这只是一个例子，最好设置为"Tdel=0"）。

（4）用户可以指定一些安全带的松弛量在传感器触发时刻加延迟之后，并在卷收器锁止之前。LS-DYNA 手册把这个松弛量称为"Pull"。

Pull 是一个长度值，比如为 10mm，表示在卷收器内部没有绕紧的量。

这些松的安全带会先在卷收器锁止之前以一个很小的力从卷收器拉出。

如果 Tdel 和 Pull 都定义了，会按照下面的步骤工作。

例如："Tdel=5ms"，"Pull=10mm"（如果在 1ms 时刻传感器触发），LS-DYNA 将在 6ms 后且卷收器锁止前拉出 10mm。

在 6ms 时刻卷收器开始拉出 10mm 后，卷收器开始锁止。然而，准确的锁止时间不能预先确定，因为卷收器拉出 10mm 花费的时间取决于假人的速度和其他因素。

一旦卷收器锁止，安全带的拉出量取决于在 LLCID 中输入的"力-变形"曲线。

当今理想的 LLCID 曲线是一个水平的"力-变形"曲线，这个曲线表示使用的是能量管理卷收器（EMR）。这个曲线爬升很快，然后维持一个力的定值，卷收器在整个过程中大概拉出 300mm。

然而，即使实际的设计中没有使用 EMR，用户也可以输入一个 LLCID 曲线，这个曲线在一个很短的时间内爬升到一个很高的值。当达到这个很高的力值以后，LS-DYNA 将不再拉出安全带，卷收器在这一刻真正锁止。

因此，LS-DYNA 中的卷收器锁止并不是完全锁止，而是卷收器里面的安全带拉出受到 LLCID 曲线的限制。如果 LLCID 是一个非常陡的曲线，拉出量将会很小。

实际的卷收器也是这样工作的，卷收器锁止，然后 EMR 开始接管工作（如果装置中有 EMR）。

关于 LLCID 也有一些重要的说明。如果 LLCID 曲线的第一个点是一个高的力值，LS-DYNA 会产生一个最小的拉伸。这时，在卷收器锁止之前，卷收器将拉进任何松弛的安全带，并在安全带上产生一个最小的拉伸。因此，在这种情况下，安全带的松弛会被移除，安全带会带一点拉力，然后卷收器会拉出 Pull 长度，之后卷收器再锁止。锁止后，卷收器按照 LLCID 进行工作。

在这种情况下，LLCID 看起来像下面这样：

```
$#    lcid    sidr     sfa     sfo    offa     offo    dattyp
    2067000      0     1.0    0.001

$

$          拉出量              力
$#           a1                 o1
$         (meters)           (Newtons)
$$

      0.000000E+00        2.800000E+01   <---- Minimum Tension of
28-Newtons at 0-mm of Spool-out.
      2.111307e+00        3.100000E+01    <---- Next Point has to be
higher and it has to go on increasing.
  $
      10.713878e+00       6.000000E+03   <--- Very Steep Curve to Lock-up
Retractor completely (no EMR).
  $
```

关于安全带的质量的说明：

为了能看到安全带单元，空梁单元自动生成。这些空梁单元的密度为 1e-10，横截面积为 0.01，所以空梁单元的质量可以忽略。

d3hsp 中关于安全带 part 的质量实际上是空梁的质量。用户可以不让空梁产生，通过在 *database_binary_d3plot 中设置 BEAM=1，这样，安全带单元就看不到了，但是接触会成为问题。

安全带单元的实际质量（*mat_seatbelt 中的 mass per length 乘以安全带单元的长度）显示在 d3hsp 中的"summary of mass"。

卷收器里面的安全带单元长度为 1.1×LMIN。

安全带单元没有厚度量输入（只输入长度和每长度的质量），默认的接触厚度为 15% 的初始平均安全带单元长度。这个平均单元长度值等于 d3hsp 中的"Belt Length by Material"除以安全带单元的数量。

如果在接触 nodes-to-surface（belt-to-occupant）中考虑了厚度偏置，则从面是安全带（belt），推荐接触厚度通过 *contact 的卡片 3 中的参数 SST 来设置，或者，在 *part_contact 里设置 OPTT。

通常，在与乘员接触的地方，安全带用壳单元来模拟，这种情况下，有很多接触参数可调。

安全带单元的时间步长计算与离散单元（弹簧）类似，但是乘以 0.6，是为了提高稳定性。

时间步长 dt = timestep scale factor * sqrt(k/m) * 0.6。

刚度 k = F/deltaL = F/(eps * L) = (initial slope of F vs. eps curve) / L。

计算刚度 k 时不使用加载曲线的最大斜度，卸载曲线对时间步长没有影响。

上式中，L = 当前单元长度，m = 节点质量的和（sum of nodal mass），nodal mass =

tributary belt length * 单位长度的质量。

DT2MS 对安全带质量没有影响。

为了对安全带单元进行质量缩放，在*mat_seatbelt 中可提高单位长度的质量，推荐单位长度的质量不小于：LLCID 曲线的最大斜率 * (timestep)^2 / (min length)^2，这是基于显式时间步长的稳定性理论的一个公式。

关于安全带和滑环的一些推荐值和注意事项：

（1）使用的安全带单元长度不能小于 5～10 倍的滑环附近的 LMIN，或者设置 *mat_seatbelt 里的 LMIN 为 1/10 的安全带单元长度。

（2）卸载曲线的最大斜率要大于加载曲线的最大斜率。

（3）滑环摩擦会明显影响安全带的力值，所以用户一般设置这个摩擦系数小于 0.3，除非有可用的实验数据来使摩擦系数调成一个更合适的值。

（4）滑环应该绑到一个刚体 part 上。

（5）给安全带单元设置一个较高的单位长度质量，会提高稳定性。注意质量缩放（DT2MS）不会给安全带单元增加质量（DT2MS 对安全带单元不起作用）。

其他的有助于滑环收敛的提示：

（1）避免安全带单元太长（10～15mm 通常就可以）。

（2）使用单精度版本的 LS-DYNA（双精度的 LS-DYNA 收敛容差更小）。

（3）使用最新的 LS-DYNA 求解器版本。

（4）收敛错误可能是模型的其他地方引起的。为了找到原因，可以用排除法，比如移除模型中的接触、加载、不常用的材料等进行尝试。

5.29 安全带不能拉出

问题：使用爆燃式安全带预紧器，安全带不能从卷收器中拉出怎么办？

主要是因为使用 TYPE=5 的爆燃式预紧器时没有定义安全带限力（LMTFRC），这就会导致：预紧阶段结束后在卷收器内一直保持预紧阶段的安全带卷入量，在加载过程中，安全带按照卷收器特性被拉出前首先要克服预紧和限力的效果，如果没有定义限力，无论安全带拉力多大也不能从卷收器内拉出安全带单元，即卷收器被锁死。在此时间段整体安全带长度的变化，只是在外力作用下安全带单元本身长度的变化而已。

5.30 出现 OUT-OF- RANGE 错误

该现象主要是整车模型中填充发泡的材料单位与其他零件不一致导致的。如果出现 OUT-OF-RANGE 的错误，可以从以下几方面进行检查：

（1）时间步长过大会导致局部出现 OUT-OF-RANGE 的情况；

（2）缩减积分单元没有使用沙漏控制；

（3）接触的两个零件刚度相差过大；

Note

（4）有较大初始穿透存在；

（5）模型单位不统一等。

5.31 计算变慢

问题：在进行整车 40%偏置碰撞分析时，为什么会出现"使用 48CPU 进行计算反而比使用 24CPU 计算还要慢"的情况？

通过对计算结果的分析，主要是因为在计算过程中输出每步 d3plot 所需的时间逐渐增加引起的。在结构分析过程中，一般 d3plot 的输出间隔会基本保持一致或者输出间隔相差很小。如果 d3plot 输出间隔逐渐增加，会导致整体计算时间增加。

针对该问题，进行一系列测试，测试情况如下：

（1）将同一个整车模型用于 100%刚性墙碰撞分析时，输出每步 d3plot 所需的时间间隔相同；

（2）将同一个整车模型更换试验壁障，将分析使用 LS-971-R5、LS-971-R6、LS-971-R7 进行计算，结果发现输出每步 d3plot 所需的时间间隔基本相同。

针对上述测试结果，发现问题是由现在使用的壁障模型导致的。

此外，可能出现 d3plot 输出间隔逐渐增加的原因还有：

（1）在分析中使用自适应网格；

（2）模型中存在单元失效定义；

（3）计算过程中接触区域突然发生变化；

（4）计算过程中某些部位载荷不平衡；

（5）计算中是否使用质量缩放。

5.32 查看分块结果

问题：在使用 LS-DYNA MPP 求解器时，如何查看分块结果？如果两个块之间的分界线恰巧在敏感位置怎么办？

LS-DYNA MPP 求解器的分块技术，在默认的 RCB 算法基础上，综合考量了网格数量、材料、网格类型等因素。自动分块功能可以满足大部分分析要求。如果在计算时出现模型小范围改动，但是两次提交计算差别很大，有可能是 MPP 分块造成的，此时可以查看分块结果。通过在模型 K 文件中添加*control_mpp_decompsition_show 关键字来查看分块情况。添加完上述关键字后，求解器输出一个 d3plot 文件后会自动停止。用 LS-PREPOST 打开输出的 d3plot 即可查看分块结果，如图 5-8 所示。

当查看完分块结果后，删去上述关键字，重新提交运算即可。如果发现确实有问题，可以参考 LS-DYNA 手册 Volume-1 中的 APPENDIX O pfile 部分，或者使用*control_mpp_option 的一系列关键字进行控制。

图 5-8　模型分块图

如果两个分区界面在敏感区域，推荐*control_mpp_arrange_parts，type=10、11，将敏感区域周围的零件放到一个 MPP 块里，如图 5-9 所示。

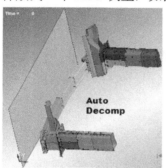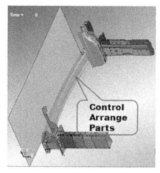

图 5-9　*control_mpp_arrange_parts 的分块效果图

5.33　准静态分析的处理

动态松弛并不适用于所有的准静态分析，它是用来做预加载分析的，并且这个预加载只产生小的弹性应变。

可以通过缩放物理求解时间或者缩放质量来加速一个显式的准静态分析，加速的时候需要注意结果的合理性。例如，需要保证计算出来的动能不能太大而使得惯性很小。换句话说，使用结果文件 glstat 和 matsum 来查看动能相对于内能的比值应是比较小的。

通过缩放时间，意思是提高加载速度来降低仿真所需的计算时间，但也需要注意不能引入太多的惯性。

或者，可以使用 LS-DYNA 中的隐式静力分析，见关键字*control_implicit_...和用户手册中的附录 M。

模型初始化到一个指定的几何形状的方法：

（1）写一个上一次分析的最终状态的节点位移文件。

LS-PrePost 可以写出这个位移，通过 Output→Nodal Displacements 指令完成。

注意 d3plot 不包含节点旋转信息，因此旋转信息是零，这对初始化壳单元和梁单元可能是个问题。

如果实施了动态松弛分析来进行预加载，会自动在动态松弛阶段生成一个结果文件 drdisp.sif，这个文件里包含了位移和旋转信息。

（2）在第二次分析中，可以快速初始化第一次分析写出的强制几何形状，需要设置 *control_dynamic_relaxation 中的参数 IDRFLG=2，并且在提交命令中写上"m=文件名"，这个"文件名"为上一次分析生成的文件。在瞬态分析开始前，LS-DYNA 会自动先进行 100 个时间步的预分析，这个过程中，节点位移会变到"文件名"里指定的位移。

Note

5.34　重启动的设置

小型重启动支持小的改动，输入文件可以改动一些关键字。例如：

```
*keyword
*control_termination
0.1              <<<新的终止时间
*database_binary_d3plot
1e-4             <<<新的输出间隔
*control_timestep
, 0.6            <<< 新的时间步长缩放因子
*end
```

见用户手册中的 *restart 部分，可以看到可用于小型重启动的关键字（*stress_initialization 除外）。

如果在重启动中需要更复杂的改动，需要使用完全重启动。这种情况下，输入文件需要基于原来的 K 文件进行改动，并使用关键字*stress_initialization。

假设使用的是 SMP 求解器，提交命令如下：

```
ls971  i=restart_input_filename   r=d3dump_filename
```

在 Windows 系统中，可以用上面的命令提交作业（在 DOS 窗口中）或者使用 LS-RUN。在 LS-RUN 的 expression 编辑框中选择 r=d3dump_filename，INPUT 编辑框中选择改动后的 K 文件。

d3dump 或 runrsf 的输出频率必须是整数个时间步长，而不是一个时间值。

runrsf 和 d3dump 一样，只是之前的 runrsf 文件会被新的 runrsf 文件覆盖，换句话说，最终保留的 runrsf 的个数由*database_binary_runrsf 的 NR 决定。

如果 NR>1，runrsf 文件会周期性覆盖生成。例如，如果 CYCL=1000，NR=3，那么 runrsf01、runrsf02、runrsf03 分别是在第 1000 个、第 2000 个、第 3000 个时间步生成的，在第 4000 个时间步，旧的 runrsf01 会被新的重启动文件 runrsf01 覆盖，在第 5000 个时间步，上一个 runrsf02 会被覆盖，依次类推。d3dumpxx 文件会累计生成，前面的 d3dumpxx 不会被覆盖，xx 在每一个间隔会增加 1。

重启动生成的 ASCII 文件则是追加到之前的 ASCII 文件中，如 glstat、elout 等。

5.35　焊接过程模拟的方法

LS-DYNA 可以对整个焊接过程进行模拟，也可以分阶段进行数值模拟。例如，可以在每个焊接阶段之后计算冷却过程及相关的结构零件翘曲；并且，选择合适的材料本构还可以考虑焊接区或热影响区的金相组织改变；然后，在下一个焊接阶段及后续的各种工件工作中，都可以考虑上一步的残余应力状态和残余的塑性应变。LS-DYNA 的这些功能，可以实现整个焊接过程的模拟。

焊接工艺可能会引起周围材料的退化、结构变形、残余应力。

下面描述了三种模拟方法。使用哪种方法取决于焊接分析的目的。

（1）仅考虑周围材料的退化。

如果用户知道材料特性随焊缝距离的变化，则只需在分析中使用 HAZ（热影响区）功能。

使用方法请参阅以下两个关键字。

① *define_haz_properties。

● 根据点焊（实体焊点、梁焊点或*constrained_spotweld）或缝焊等不同焊接类型来修改工件材料特性（屈服应力和失效应变）。

● 在*define_haz_properties 中使用负的曲线 ID 的纵坐标对点焊直径进行归一化。

② *define_haz_taylor_welded_blank。

● 通过*define_haz_properties 定义焊缝的位置。

● HAZ 功能仅适用于使用 STOCHASTIC 选项定义的材料。

（2）考虑焊接过程中的热变形影响。

以* boundary_thermal_weld 来模拟移动热源的热/机械耦合分析。对结果进行后处理时，将位移按比例放大 100 倍，以更好地查看加热引起的变形模式。

与常规的* boundary_thermal_weld 相比，更灵活易用的关键字是* boundary_thermal_weld_trajectory。在 manuals 的"LS-DYNA Thermal Guide"文档中提供有关热分析和热/机械分析耦合的一些非常基本的知识，文档里面也有一个*boundary_temperature_rsw 的示例，是两个焊点的热分析模拟，第一个在两个实心块的接触区域中，第二个在实心块和壳体零件的接触区域中，用户可以得到在焊接熔核及其周围的温度分布。该示例在 SMP 和 MPP 中须使用双精度版本运行。

（3）铺设焊接材料，同时考虑热影响。

① 使用* boundary_thermal_weld、* mat_cwm（mat_270）和* mat_thermal_cwm 进行模拟。

② 以 LS-PrePost 的焊接模拟工具为例（Applications→Tools→Welding Simulation）。

LS-PrePost 中焊接仿真重点关注的焊接模拟类型是使用移动热源，该热源在加热到熔点时会激活材料。该工具可用于模拟冷却后填充材料的凝固、热传递/辐射、热引起的结构变形、残余应力及焊接后的残余变形。

在进行多阶段焊接时，有必要使用专用工具来创建和设置焊接的顺序。使用该焊接工具的目的不是从头开始设置整个模型。LS-PrePost 具有完整的关键字编辑器、创建网格的各种方法等，因此，不需要在 LSPP 的焊接应用工具中包含所有内容。

焊接应用工具仅专注于设置焊接热源的特性和运动。

它还在设置和更改焊接工艺创建顺序方面提供了非常好的帮助。

它还将为用户提供很多推荐的控制卡，方便快速搭建模型。

第6章

杂 项 篇

　　LS-DYNA 在模型加密、MPP 计算、隐式等其他方面的问题，统一汇总在本章。

学习目标

（1）掌握模型加密的方法
（2）掌握 MPP 的相关知识
（3）掌握隐式分析的注意事项

6.1 R7 之后版本模型的加密

下面是使用 2048 位密钥加密 include 文件的命令：

```
<path-to-lsdyna-executable> pgpkey        (这创建了一个公钥)

gpg --import lstc_pgpkey.asc              (导入公钥)

gpg -e -a --rfc2440 --textmode --cipher-algo AES --compress-algo 0 -r
0x65AEC0AE part500.inc        (对 part500.inc 进行加密)
```

上面操作的前两个步骤是一次性完成的。

可以生成两种密钥，一个"normal"1024 位密钥，它对个人来说应该足够，还有一个"long"2048 位密钥。2048 位密钥的优点是，随着技术的进步，使用它加密的任何东西，哪怕是对于暴力破解都非常安全；缺点是，每个加密块在解密时都会产生延迟。

R7.1.1 及更高版本的 LS-DYNA 支持 1024 位和 2048 位两种加密方式。

还可以通过运行带有"pgpkey"的 LS-DYNA 命令来生成密钥。

对于 LS-DYNA 中加密的安全性、正确性或适合性，LSTC 公司都不会提供任何保证。

对 LS-DYNA 中使用的数据进行加密：

首先，需要 GPG 程序，GPG 是一个免费提供的加密程序。如果在 Linux 机器上，它可能已经安装。如果需要，可以从 www.gnupg.org 下载。

然后，需要导入 LSTC 的公钥，可以通过将下面的密钥剪切并粘贴到文件中，然后导入它来实现。如果从命令行运行 GPG，则输入"gpg --import <filename>"，其中"<filename>"是保存密钥的文件的名称。文件中包括"-----BEGIN"和"-----END"行。

```
-----BEGIN PGP PUBLIC KEY BLOCK-----
Version: GnuPG v2.0.19 (GNU/Linux)
mQGiBFM61ScRBACgqz7q7kytYuuRpa+1DTD9J3Kn8s3kMHO7zPtLu8bsb1L1I4UQ
CC6HRL2fMVRtBQZuy445eqsot5npcnzpQ6rcvsQZTVCqXH/gx5O5xs6/W8ktaJXn
...
SoAeXMxSC7F44Ood
=R0pG
-----END PGP PUBLIC KEY BLOCK-----
```

现在 LSTC 就准备对 LS-DYNA 的数据进行加密。

创建一个需要加密的包含关键字的模型文件（此处称为"input"），然后使用以下命令对其进行加密：

```
gpg -e -a --rfc2440 --textmode --cipher-algo AES \
  --compress-algo 0 -r 0x65AEC0AE input
```

 如果使用的是 2.0 之前旧版本的 GPG，可能无法识别"--rfc2440"。如有问题，请尝试以"--openpgp"代替。

这将创建一个文件"input.asc"，该文件可以复制到 LS-DYNA 输入文件中，也可以通过*include 命令插入。

上面的 PGP 密钥是一个 1024 位的 Elgamal 密钥。

下面是可选的 2048 位的 Elgamal 密钥：

```
-----BEGIN PGP PUBLIC KEY BLOCK-----
Version: GnuPG v2.0.19 (GNU/Linux)

mQMuBFM55y8RCACloOCLGOpfDgWJz75dF2K0MAP6T6ckM41s9lOASvLGK80tnJIl
pzaaX0Ty0/N1U2d4vD04xQi6tjFJk5ggLx6Bp2EyOhpCmZ0Rfz6Qss6vFHfpso9+
QV/lVoAggquTtmnd5lXD0id7L8MGy5bXO8CyLC1mZxnN/HCAolVxEntBIdk0dj0k
...
GwIyUtzgvXtY2ByEPqeu2AdpIhU1CiXeLRdYlYiXadXzJfJGVilirKoAb1uiLypJ
sVXhgMlHKDQ81tEJiVJ5nawYT4e7mel+T74v3+BufysSFmKm1ohhBBgRCAAJBQJT
OecvAhsMAAoJEHfQoCtgwENaVqQBAJpCFxs3P6wU+YE202jd4BzNXORIqJjYHbk+
9kiD0cATAP97Th8x9NUhyBGUBH4UUXxz7ek8eG5wxWsC8UkROjjpgw==
=xfll
-----END PGP PUBLIC KEY BLOCK-----
```

1024 位密钥用于一般情况足矣，2048 位密钥在输入处理过程中会需要额外的资源。要使用 2048 位密钥，可使用与上面相同的命令，但要将"-r 0x65AEC0AE"替换为"-r 0x60C0435A"。

加密的另外一个主要功能是可以关闭一些零件的所有输出。

通过同时调用输入加密和输出关闭，可以向另一个分析人员隐藏指定零件的几何形状、材料等，但允许分析人员拥有输入，以便他可以修改或添加模型的未加密部分并运行分析。

*database_binary_d3plot 中的 PSETID 参数指定的是要从所有输出中关闭的零件集。把*database_binary_d3plot 中非零的 PSETID 参数放在加密的输入中，这是一种可以防止 PSETID 参数被重置的安全措施。

下面是在 Windows 下进行加密的简要描述：

```
Cut and paste LSTC public key, save it as lstcpgp.txt
install Gpg4win
open A Dos prompt
cd the folder where the file need encrypt for LS-DYNA
Type "C:\Program Files (x86)\GNU\GnuPG\gpg2.exe" --import
d:\lstc_public_key\lstcpgp.txt
to import the LSTC public key.
Then type...
"C:\Program Files (x86)\GNU\GnuPG\gpg2.exe" -e -a --rfc2440 --textmode --
cipher-algo AES --compress-algo 0 -r 0x65AEC0AE input
...to encrypt file input.
```

这将创建一个文件"input.asc"，该文件可以插入 LS-DYNA 输入文件中，或者通过

*include 命令包含进去。

6.2 R6 版本模型的加密

LS-DYNA 的 R6 版本的加密指导如下。

（1）要加密 LS-DYNA 的部分输入数据，需要 GPG 程序，GPG 是一个免费提供的加密程序。如果在 Linux 机器上，它可能已经安装。如果需要，可以从 www.gnupg.org 下载。

（2）将公共密钥（如下所列）剪切并粘贴到文件中，包括"-----BEGIN"和"-----END"行。

```
-----BEGIN PGP PUBLIC KEY BLOCK-----
Version: GnuPG v1.4.2 (GNU/Linux)

mQGiBEX4Of8RBACMnyiitVtU55Wkv6TWKNbnq/MPQ9TS7lUctzs/VyH19BAOpu4H
qygPhAJjNuQCucER+QbI5w36yrgAa0jYUhtLKrcbnmTBtGUMHFARppdH3dXl6HJ1
H4Y/aSANn7djHu7K8VX6qDxQbYyC1YXSK7kSp4jcQtmUW4/pGJ8v9e/hxwCgtiCw
...
4G/MmhYy4erAnC2b90TexMKzUbzShBoaddwaN949bS5AiEkEGBECAAkFAkX4OgAC
GwwACgkQHHjnrTswsAO61gCePoJ0MENoB0/zWddwMiIn41JUxpAAmwY9/iU1mAmG
UrYKIq31OvmvMGnC
=6VsN
-----END PGP PUBLIC KEY BLOCK-----
```

（3）导入密钥。

如果通过命令行使用 GPG，请输入以下内容：

```
gpg --import <filename>"
```

其中"<filename>"是在上面步骤（2）中保存的文件的名称。

（4）现在已经准备好加密 LS-DYNA 的输入数据了。

创建一个包含要加密的关键字的文件（此例称为"input"）。

通过输入以下命令行对其进行加密：

```
gpg -e -a --openpgp --textmode --cipher-algo AES  --compress-algo 0 -r
0x3B30B003 input
```

这将创建一个文件"input.asc"，该文件可以使用*include 命令包含在 LS-DYNA 输入文件中。

GPG 是使用公钥（这里是 LS-DYNA）发送信息，可以使用私钥解密。因此用户需要做的就是使用 LS-DYNA 的公钥对输入文件进行加密，LS-DYNA 将读取加密文件并在内部对其进行解密。

6.3　加密时出现警告

问题：加密时出现警告"There is no assurance this key belongs to the named user"，正常吗？

这一般没什么好担心的。如果你阅读了 GPG 附带的所有文档，并且理解了信任模型的公钥/私钥体系，这一切就会变得清晰起来。

理想状态下，你会从 LSTC 某人那里收到密钥，但你们并没有安全地进行交流。在你信任某些敏感的数据之前，你应该和你在 LSTC 认识的人核实一下密钥。但同样，对于 LSTC 的应用程序来说，这么大的安全性可能是不必要的。

所以，考虑到这种情况，这是正常的。

内部注释：

要在加密数据中加入到期时间，请参阅"expire.encrypt"中的注释。

对于 Windows 用户：

已经安装了 Gpg4win，且 gpg2.exe 位于 c:\program file (x86)\GNU\GnuPG\文件夹下，请使用下面的命令行：

```
c:\program file (x86)\GNU\GnuPG\gpg2.exe -e -a --openpgp --textmode
--cipher-algo AES --compress-algo 0 -r 0x3B30B003 input
```

6.4　AVX 指令集的作用

芯片上有各种指令集，如 SSE 2、SSE 3、SSE 4_1、SSE 4_2、AVX、AVX 2 等。

可以通过以下命令了解所支持的指令集。

```
cat /proc/cpuinfo | grep flags
```

新的指令集可能无法为科研程序特别是内存绑定的应用程序提供更好的性能。

为更高一代指令集创建的可执行文件不能在旧芯片上运行。

由于编译器优化，由 SSE 2、AVX、AVX-AMD 和 AVX 2 可执行文件生成的结果可能不一致。

大多数计算中心仍然有固定一代的计算机，使用通常支持的 SSE 2 指令集可以从不同的目标集群获得相同的数值结果仍然更好。

LSTC 已经测试了各种内部指令集的性能。

在 SSE 家族中，SSE 2 在 2000 年后仍然运行在大量机器上，将其删除并没有什么好处。

与 SSE 2 相比，AVX 可以处理的矢量运算中的数据量增加了 1 倍。

不过，芯片必须在这种模式下以设计的时钟速率运行，而 SSE 2 可以在升压模式下运行。

所以，AVX 和 SSE 2 的运行速度是一样的。因此，LSTC 不提供"常规"的 AVX 可执行文件。

AVX-AMD 不同于普通的 AVX，它包含 VFMA（向量浮点乘累加）指令。英特尔后来增加了一种不同形式的 VFMA，这就是 AVX 2。AVX-AMD 和 AVX 2 不兼容。

对于 AVX-AMD，芯片可以处理 2 倍的数据量，如果计算涉及 saxpy 或 daxpy 操作 [y(i)=a*x(i) + y(i)]，则运算也会加倍。Intel 编译器不支持这个指令集，LSTC 必须使用矢量化能力较低的 Open64 编译器。

LSTC 在 mpp-dyna/R7.1.1/x86-64/open64_455 文件夹中提供了支持 AVX-AMD 的可执行文件，但它们只能运行在 AMD 芯片上。

由于缺少矢量操作，可执行文件的运行速度比升压模式下 Intel SSE 2 可执行文件的速度慢。与 AVX-AMD 一样，AVX 2 提供双倍的数据量和运算量。

LSTC 在 mpp-dyna/R7.1.1/x86-64/ifort_131_avx2 文件夹中提供了 AVX 2 可执行文件。与 AVX-AMD 一样，AVX 2 的代码也没有像 SSE 2 那样完全矢量化。

LS-DYNA 与英特尔合作，将更多的循环矢量化，以提高 AVX 2 的性能。

英特尔认为，由于是基于硬件设计，AVX 2 应该比 SSE 2 快得多。

目前确实在 LSTC 的机器上获得了一些性能提升。然而，此时的机器使用的是 Xeon 芯片，也就是所谓的工程样机，这比一般向公众提供的更好。

AVX 2 芯片是 i7 的核心，与 SSE 2 相比没有任何性能提高。

i7 芯片和 Xeon 芯片的主要区别是内存带宽。LSTC 怀疑内核 i7 缺乏性能增益的原因是内存受限。

LSTC 期望用户在使用 Xeon 芯片时能体验到比 AVX 2 有 15%的性能提升。

然而，FE 解决方案在 SSE 2 和 AVX 2 之间可能有所不同（在某种程度上类似于模型分解发生变化时解决方案的变化）。

6.5　License 信息的提取、安装及更新

LSTC 现在只授权浮动 License，当申请浮动 License 时，需要提供 INFO 文件、公司信息、求解机器及 License 机器所在的 IP 段。放置 License 的机器系统可以是 Windows，也可以是 Linux。

1. 提取INFO信息

（1）Windows 系统。

安装收到的 INFO 信息提取软件，安装完成后打开 lstclmui.exe，按照图 6-1 所示进行操作，将生成的 lstc_server_info 文件及相关信息发给我们即可。

（2）Linux 系统。

解压收到的 INFO 信息提取软件，解压到指定文件夹下，用命令行方式进入解压的文件夹，以 root 身份执行以下命令：

```
# ./lstc_server_info
```

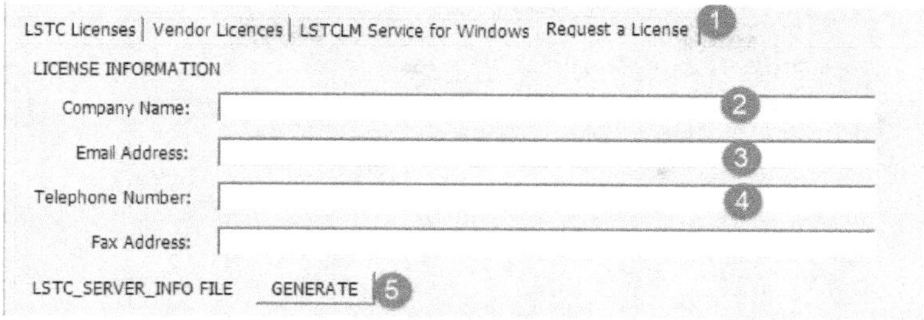

图 6-1 INFO 信息图

将生成的 lstc_server_info 文件及相关信息发给我们即可。

2. LS-DYNA License安装

（1）Windows 系统。

将收到的 License（名称为 server_data）放入 lstclmui.exe 所在的文件夹，打开 lstclmui.exe，按照图 6-2 所示进行操作即可。

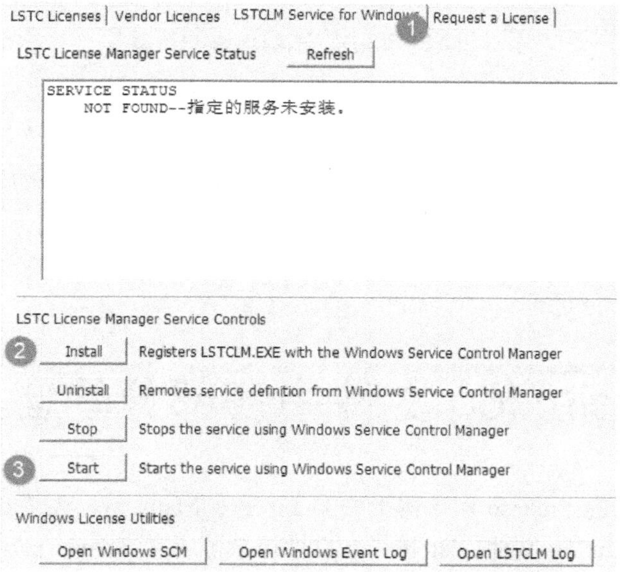

图 6-2 LS-DYNA License 安装图

（2）Linux 系统。

将收到的 License（名称为 server_data）放入 lstc_server 所在的文件夹，以命令行方式进入 lstc_server 所在的文件夹，以 root 身份执行以下命令：

```
# ./lstc_server -l dyna.log
```

3. 更新License

（1）Windows 系统。

备份旧的 License，将新收到的 License（名称为 server_data）放入 lstclmui.exe 所在的文件夹。按照图 6-3 所示操作，完成 License 更新。

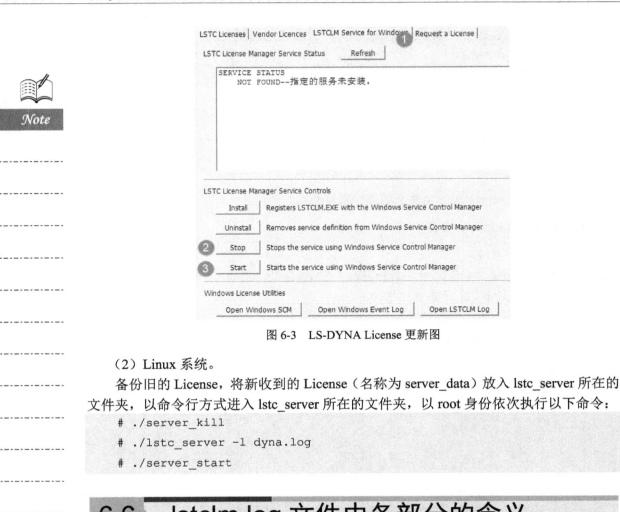

图 6-3   LS-DYNA License 更新图

（2）Linux 系统。

备份旧的 License，将新收到的 License（名称为 server_data）放入 lstc_server 所在的文件夹，以命令行方式进入 lstc_server 所在的文件夹，以 root 身份依次执行以下命令：

```
# ./server_kill
# ./lstc_server -l dyna.log
# ./server_start
```

6.6   lstclm.log 文件中各部分的含义

在 LS-DYNA 的 License 服务器上安装 License_Manager，在 License_Manager 安装目录下会生成 lstclm.log 文件。lstclm.log 文件记录了所有 license server 的运行情况，如图 6-4 所示。

```
[Fri Jan 25 09:03:40 2013][6] LIC: bpeng 944@node003 MPPDYNA_971 NCPU=16 IP=192.132.24.72 index=0 started
[Fri Jan 25 09:12:37 2013][7] LIC: zpxia 12336@hpc001 MPPDYNA_971 NCPU=8 IP=192.132.24.240 index=1 started
[Fri Jan 25 09:15:08 2013][8] LIC: zpxia 12336@hpc001 MPPDYNA_971 NCPU=8 IP=192.132.24.240 index=1 completed
[Fri Jan 25 09:25:32 2013][10] LIC: zpxia 12383@hpc001 MPPDYNA_971 NCPU=8 IP=192.132.24.240 index=1 started
[Fri Jan 25 09:28:08 2013][11] LIC: zpxia 12383@hpc001 MPPDYNA_971 NCPU=8 IP=192.132.24.240 index=1 completed
[Fri Jan 25 09:37:11 2013][13] LIC: zpxia 12421@hpc001 MPPDYNA_971 NCPU=8 IP=192.132.24.240 index=1 started
[Fri Jan 25 09:39:46 2013][14] LIC: zpxia 12421@hpc001 MPPDYNA_971 NCPU=8 IP=192.132.24.240 index=1 completed
[Fri Jan 25 09:44:16 2013][15] LIC: zpxia 12456@hpc001 MPPDYNA_971 NCPU=8 IP=192.132.24.240 index=1 started
```

图 6-4   lstclm.log 文件内容图

以第一条记录为例，详细介绍其含义。

● [Fri Jan 25 09:03:40 2013]：表示计算节点申请调用 License 的时间。

● [6]：表示计算节点申请调用 License 的序号。

● bpeng：表示申请调用 License 的用户名。

- 944@node003：其中 944 代表当前计算任务的进行 ID，node003 是发出 License 请求的计算节点主机名。
- MPPDYNA_971：表示 License Feature 的名字。
- NCPU=16：表示本次计算所需的 CPU 核数，也是向 License 管理器请求的数量。
- IP=192.132.24.72：表示计算节点 node003 的 IP 地址。
- index=0：LS-DYNA 软件的内部代码，该信息对使用者没有意义。
- started：表示当前计算任务的状态，其中 started 表示计算任务开始，completed 表示计算任务结束，killed 表示计算任务被用户终止，queued 表示计算任务在排队，refused (IP Address out of Range.)表示提交任务的计算节点 IP 不在 License 许可范围内，调取 License 被拒绝。

6.7　release 与 revision 的对应关系

问题：LS-DYNA 软件版本信息如下：The latest available release is 6.1.2 (revision 85139)，其中 revision 代表何意？是否一个 release 对应唯一的 revision？

LSTC 公司不断地更新 LS-DYNA 的版本，以修复 bug 并添加新的功能。对于用户而言，可以通过下面的方式取得 LS-DYNA 求解器的版本。

LSTC 公司官方下载地址获取的 Solver 可以得到相应的版本信息，如

`ls-dyna_mpp_s_r6_1_2_85274_x64_redhat54_ifort101_sse2_platformmpi.tar.gz`

其中 r6_1_2 代表求解器的版本，85274 代表求解器的产品编号。

使用 LS-DYNA 的 Solver 求解后，可以在 d3hsp 文件中查看当前使用的版本信息，如图 6-5 所示，可以方便地查看当前使用版本的 Version、Revision 和 SVN Version。

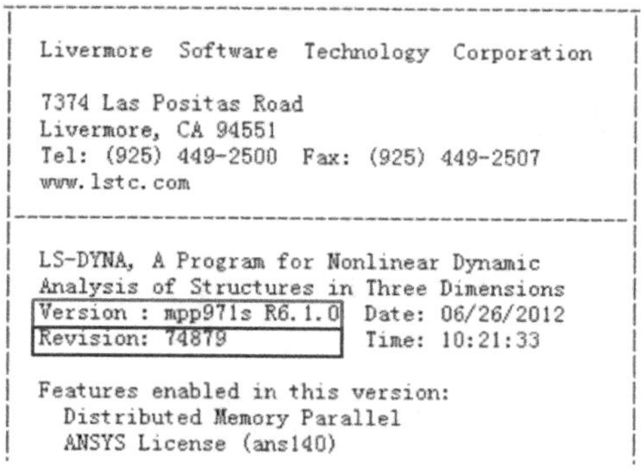

```
| Livermore  Software  Technology  Corporation |
|                                              |
| 7374 Las Positas Road                        |
| Livermore, CA 94551                          |
| Tel: (925) 449-2500  Fax: (925) 449-2507     |
| www.lstc.com                                 |
|                                              |
| LS-DYNA, A Program for Nonlinear Dynamic      |
| Analysis of Structures in Three Dimensions    |
| Version : mpp971s R6.1.0  Date: 06/26/2012   |
| Revision: 74879           Time: 10:21:33     |
|                                              |
| Features enabled in this version:            |
|   Distributed Memory Parallel                 |
|   ANSYS License (ans140)                      |
```

图 6-5　LS-DYNA License 版本信息图

通过以上两种方法获取的求解器信息中，Version 代表求解器的版本，Revision 是软件的内部代码，用于软件开发，而 SVN Version 表示求解器的产品编号。从 LSTC 公司提供的下载地址获取的 Solver，同一个 Version 只对应唯一的一个 SVN Version。Version+SVN Version 确定当前使用的求解器具体版本。

R6.1.2 版本的求解器对应的 Revision 是 85139，Revision 本身不代表版本信息，只作

为软件内部代码。若查找 R6.1.2 版本的具体信息，应该查找 SVN Version，只有 SVN Version 才对应求解器的产品编号。R6.1.2 的 SVN Version 是 85274。

6.8　License 服务器失去联系

先来看以下错误的反馈信息：

```
*** Error 70011 (OTH+11)
    License routines forcing premature code termination.
    Contact with the license server has been lost.
    The server may have died or a network connectivity
    problem may have occured.
```

如果我们没有分叉、仅用一个单独的线程来检查许可，而 LS-DYNA 在另一个线程上忙于计算，则可能会失去与许可证服务器的联系。

请确保环境变量 lstc_internal_client 被设置为分叉（即 setenv lstc_internal_client forked）。默认设置是分叉的，所以如果没有设置 lstc_internal_client，其实我们已经得到了所需。请注意，此环境变量适用于所有平台。

如果在 lstc_file 中设置了环境变量，那么请确保设置#license_client: fork。

许可证管理器的文档可以从以下链接下载（提示，username=user, password=computer）：http://www.lstc.com/download/lic/new_netnix_license。

集群上可能会遇到这种问题，除此之外，笔记本电脑等还会遇到下面的一些问题。

如果 LS-DYNA 在结束上述消息之前的一段时间内停止运行，那么您的机器可能正在休眠。LS-DYNA 的计算并不能阻止机器休眠，您需要在计算机的设置→首选项中关闭休眠。

6.9　任务排队

如果你正在为一台机器/一个用户寻找免费的任务排队软件，可以使用 LS-RUN，它可以在 LS-PrePost v.4.3 或 4.5 中通过选择"文件"→"运行 LS-DYNA"来启动。

如果你正在为多个用户寻找更高级的（商业）调度程序，那么推荐使用 PBS（http://www.pbsworks.com）或 LSF 作业调度工具。

6.10　在集群中跨节点运行 MPP 作业

（1）创建一个包含命令行选项的文件。单节点提交作业时，直接运行"mpirun -np $NCPU ./mppdyna i=input.key jobid=my_job_name memory=$memory memory2=$memory2"。对于多个节点提交作业，创建一个名为 appfile（文件名可以任意更改）的文件，其包含了命令行。比如说，有 4 个节点可以使用，分别是 host1，host2，host3 和 host4，每个节点有 12 核，在计算时计划全部使用这 12 个核。appflie 文件应该包含以下命令行：

```
-h host1 -np 12 /path/to/solver/mppdyna i=input_file.key
jobid=my_job_name memory=$memory memory2=$memory2
-h host2 -np 12 /path/to/solver/mppdyna
-h host3 -np 12 /path/to/solver/mppdyna
-h host4 -np 12 /path/to/solver/mppdyna
```

你可能已经注意到，LS-DYNA 二进制文件应该放置在一个所有主机都可以访问的网络驱动器上。

（2）准备好 appfile 之后，只需从首节点发出以下命令：

```
/opt/platform_mpi/bin/mpirun -prot -ibv -f ./appfile
```

以上是一个示例，但用户可以自定义他们的脚本、添加环境变量等，这些是系统相关的，你可以（如果需要）使用除这些一般命令行选项以外的命令。

6.11 MPP 求解器绑定 Core

LS-DYNA 有两种并行求解方式，分别是 SMP 和 MPP。通常，SMP 并行求解时无须担心 Core（核）的绑定问题。一个例外是当一个节点上同时运行 SMP 和 MPP 时，在这种情况下，由于 SMP 的 LS-DYNA 是由 Intel Fortran 编译的，这时用户可以设置环境变量 kmp_affinity。

默认情况下，核之间的 MPI 进程迁移是为了获取系统上的负载均衡。但是 LS-DYNA 是 memory intensive 的程序，如果进程迁移到远离正在使用的内存的核上，内存的访问会花费更长的时间，这样的迁移会降低计算性能。为了避免这种性能下降，把每一个 MPI 进程绑定到一个核上就比较重要了。

每种 MPI 有其自己的方式来将进程绑定到核上，而且 HYBRID 用的绑定策略与单纯 MPP 方式也不同。

（1）单纯 MPP。

不同的 MPI 有下面不同的 MPI 执行命令来绑定 MPI 进程到核上。

```
HP-MPI, Platform MPI, 和 IBM Platform MPI:
    -cpu_bind or -cpu_bind=rank
        -cpu_bind=MAP_CPU:0,1,2,...
        <<<< 不推荐，除非用户真的需要绑定 MPI 进程到指定的核上。
IBM Platform MPI 9.1.4 和后来的版本:
    -affcycle=numa
Intel MPI:
    -genv I_MPI_PIN_DOMAIN=core
Open MPI:
    --bind-to numa
```

Note

（2）HYBRID MPP。

首先，通过下面的环境变量设置最大的 OMP 线程和线程分布：

```
setenv OMP_NUM_THREADS 8   <<<< 允许最大 8 个 SMP 线程，例如：|ncpu| <= 8
setenv KMP_AFFINITY compact     <<<< 线程之间需要彼此相邻
```

然后，为了绑定进程到核上，根据不同的 MPI 类型使用下面的 MPI 执行命令（下面的例子是指定 8 个 MPI 队列）：

```
HP-MPI, Platform MPI, and IBM Platform MPI:
    -cpu_bind=MASK_CPU:F,F0,F00,F000 -np 8
IBM Platform MPI 9.1.4 和后来的版本:
    -affcycle=numa -affwidth=4core -np 8
Intel MPI:
    -genv I_MPI_PIN_DOMAIN=core -genv I_MPI_PIN_ORDER=compact -np 8 -ppn 8
Open MPI:
    --bind-to numa -cpus-per-proc 4  -np 8
```

6.12 platformmpi 和 platformmpi_sharelib 的区别

MPP 求解器有很多版本，platformmpi 和 platformmpi_sharelib 是其中的两个版本。platformmpi_sharelib 相比 platformmpi 版本增加了对用户自定义子程序的支持，比如，用户自定义的材料模型（*mat_041～*mat_050）。

6.13 提交 MPP 运算

一个 MPP 提交命令如下：

```
mpirun -np 8 /home/bin/ls-dyna_mpp_d_r8_0_0_95359_x64_redhat54_
ifort131_sse2_platformmpi  i=input.k  memory=100m  memory2=50m
```

更多信息请看 LS-DYNA 用户手册 1 中关于 MPP 的附录。

6.14 运行 MPP 的其他注意事项

对于不同的核，如何分块对结果会有一些影响。默认的分块方法提供了最好的核之间的负载均衡。用户可以通过关键字*control_mpp_decomposition_show 查看分块情况。用户也可以修改分块，通过

（1）添加*control_mpp_decomposition_...相关关键字；

（2）创建一个 pfile 文件，该文件包含分块指令。pfile 的更多介绍在用户手册 1 中关于 MPP 的附录里，在附录里查找 p=pfile。

6.15　运行 MPP 得不到 ASCII 输出文件

问题：运行 LS-DYNA MPP 却得不到任何 ASCII 输出文件（除了 glstat），其他数据去哪儿了？

除了 glstat 的其他 ASCII 输出文件都整合在 binout 文件里。

6.16　隐式动态松弛的设置

使用隐式动态松弛（DR）分析可以获取模型的预加载状态：

在 *control_dynamic_relaxation 卡片中，设置 IDRFLG=5，并通过参数 DRTERM 定义动态松弛的结束时间。

如有必要，通过 *control_implicit 卡片管理动态松弛阶段的隐式分析，至少需要在 *control_implicit_general 中设置 DT0 为一个正值。

设置 *define_curve 卡片中的参数 SIDR=1，定义预加载的曲线的线性斜率，预加载的斜坡时间等于 DRTERM。

使用 *database_binary_d3drlf 定义隐式动态松弛阶段的结果输出，注意输出间隔是周期单位而不是时间。

*control_implicit_dynamics 管理隐式分析是静态的还是动态的。

如果输出在动态松弛结束时进行速度初始化，如旋转刀的问题，则在 *initial_velocity_generation 卡片中，设置 IPHASE=1 定义可变形体的速度初始化，设置 IPHASE=0 定义刚体的速度初始化。

示例可见

http://ftp.lstc.com/anonymous/outgoing/jday/implicit_dr_gravity.k

动态松弛的可替代选择为，通过曲线定义实现隐式分析到显式分析的转化（*control_implicit_general 卡片中的第 1 个参数 DT0 定义为–curve ID），但这不允许在显式分析开始的时候进行速度初始化。

对于动态松弛或任何分析，相比隐式-显式转换其优点和缺点都是相同的。

隐式分析特别适合于动态松弛分析，因为动态松弛阶段施加的载荷通常很小而且响应是线性的（除了可能与接触有关的非线性）。

动态松弛是随后施加动态载荷的动态分析中提前获得模型预载的一种便捷的方法。动态松弛是明确区别预加载阶段和瞬间阶段的一种方法。动态松弛可以获取预加载的稳定状态，避免出现动态振荡。

你要进行的瞬间分析将在无应力状态下开始，如果突然施加重力载荷，会激发动态振荡。

6.17 隐式分析支持的材料模型

隐式分析时的材料模型必须能求解得出切向刚度矩阵。

随着版本的更新，适用于隐式分析的材料模型列表也随之更新。除了进行试运算（试运算模型中有一个单元就足够了）去检查结果输出文件中是否含有错误或警告信息，也可以询问开发人员，通过查看源代码，来判断特定的单元积分方式及材料模型是否支持隐式分析。

材料号相应的位置为 0，意味着相应的材料模型在隐式分析中不支持。例如，数据表显示材料类型为 8、39、86 等在隐式分析中不支持。

如果在 matimp 数据中，显示的是材料号而不是 0，则意味着相应的材料在隐式分析中可以正常使用，但这并不代表该材料模型在隐式计算中是完全稳定的。

如果在隐式分析中使用了不支持的材料模型，将输出相应的错误信息。

隐式分析并不支持所有的单元公式，LS-DYNA 通常要求用户使用支持隐式分析的单元公式替换不支持的单元公式。在这种情况下，会输出相应的警告信息，例如：

```
*** Warning 20556 (STR+556)
    Tshell formulation for part ID # 1
    has been switched from 1 to 2
    since the stiffness matrix is not
    implemented for shell type: 1
*** Warning 20555 (STR+555)
    Shell formulation for part ID # 1
    has been switched from 1 to 2
    since the stiffness matrix is not
    implemented for shell type: 1
*** Warning 20555 (STR+555)
    Shell formulation for part ID # 1
    has been switched from 7 to 6
    since the stiffness matrix is not
    implemented for shell type: 7
```

6.18 对隐式分析的建议

使用 LS-DYNA 进行隐式分析，有如下建议：

● 使用双精度求解器进行隐式分析。

● 使用最新版本的求解器进行求解，因为 LS-DYNA 的隐式求解器在不断更新，强烈建议使用最新版本的求解器进行隐式分析。从 R11 版本开始，提出了一种新的隐式分析内存调用方案，这将使分析人员的工作更加轻松。

- 在最新的用户手册的附录 P 中有详细的隐式分析模型指南，主要针对非线性隐式分析。

- 其他建议：
  - ✓ 对于中等程度的非线性问题，在*control_implicit_solution 中定义 NSOLVR=12 且 LSMTD=4。
  - ✓ 对于高度非线性问题，设置 NSOLVR=12，LSMTD=4 且 ILIMIT=1，调用全牛顿法求解。
  - ✓ 在*control_implicit_solution 卡片中设置 ABSTOL=1.0e-20，阻止过早收敛。
  - ✓ 对于非绑定接触，使用 MORTAR 类型的接触定义。
  - ✓ 对于绑定接触，参考用户手册*contact 中的 Remark4"Tied Contact Types and the Implicit Solver"。
  - ✓ 在*contact 卡片中定义 VDC=0。
  - ✓ 在*control_accuracy 卡片中定义 OSU=1，INN=4 和 IACC=1。
  - ✓ 选择单元积分的建议，对于壳单元，设置 ELFORM=-16，且设定沙漏控制类型 IHQ=8；对于六面体单元，设定 ELFORM=-2，特别是当体单元高宽比较差时；对于 Beam 单元，使用 ELFORM=2 代替 ELFORM=13；在*control_implicit_eigenvalue 中通过参数 ISOLID、IBEAM、ISHELL、ITSHELL 可以方便地更改单元公式。
  - ✓ 如果模型中存在关键字卡片*rigidwalls，设置 RWPNAL=-1.0。
  - ✓ 如果收敛有问题且存在以下情况，设置*control_implicit_solver 卡片中的 LCPACK=3，调用非对称求解器：①特征值分析中包含了阻尼（只能使用 SMP 求解器）；②MORTAR 接触包含了摩擦；③Beam 单元积分类型为 2；④查看用户手册中（*control_implicit_solver）其他不常见的导致非对称的情况。

  - ✓ 如果求解过程中遇到 fatal error 信息，设置*control_implicit_solver 卡片中的 LPRINT=3，这将在 mes*文件中输出更为详细的此问题的来源。
  - ✓ 如果一个隐式求解任务与其他 LS-DYNA 求解任务或程序共享计算机资源，可能会出现一个与内存相关的错误。可在 *control_implicit_solver 中将 RDCMEM 从 0.85 减小至 0.50，从 R11 版本开始求解器具有该特性。
  - ✓ 在开始一个隐式静态求解之前，最好先进行模态分析，以确认模型中是否存在刚体模态。如果模型中存在刚体模态，则要增加边界条件来消除刚体模态，或使用*control_implicit_dynamics 卡片启用隐式动力学分析。

6.19　开始分析就不收敛

隐式分析中，如果模型一开始就不收敛可以按以下步骤进行检查。

（1）按实际分析工况的边界，使用*control_implicit_eigenvalue 关键字，计算模型的至少前 10 阶约束模态，查看是否存在刚体模态或不正常的模态振型。如果存在刚体模态，则检查模型的约束和连接是否完整；若存在不正常的模态振型，则要考察具体零件的连接是否完整、模型是否缺少零件等情况。

（2）若模态结果正常，则应该检查如下情况：

- 是否有悬空的焊点或只连接一侧的焊点；
- 边界处是否约束了焊点或刚体；
- 是否存在穿透或接触设置中没有考虑忽略初始穿透；
- 模型中单位是否一致；
- 通过接触达到平衡的工况，是否存在初始穿透；
- 其他因素。

（3）设置*control_implicit_solution 中的 D3ITCTL=1，会将每次迭代的结果输出为 D3ITER 文件，可以考察每次迭代模型的变形。

6.20 模拟螺栓连接时模型不收敛

在隐式分析中，当用实体单元建模的方式来模拟螺栓连接时，使用接触的方式实现连接效果会放开过多的自由度，导致模型不收敛或收敛困难。在检查模型时应该先计算模型的模态，查看是否存在额外的刚体模态，并对相应部分进行约束连接，消除过多的刚体模态。

第7章

案 例 篇

本章针对初级用户，通过拉伸样件建模实例、小球撞击板建模实例、圆管受压建模实例，给出了使用 LS-PrePost 进行典型案例操作的过程，供读者学习。

学习目标

(1) 掌握 LSPP 软件的界面设置
(2) 掌握 LS-DYNA 建模的相关知识
(3) 掌握分析结果的后处理相关知识

7.1 拉伸样件建模实例

7.1.1 实例目的

了解 LS-DYNA 的面板结构和关键字用户手册；应用 LS-PrePost 查看输入面板及关键字参数的编辑；学习如何通过 ASCII（或 binout）读取数据生成曲线及绘制应力云图。

7.1.2 试样说明

单轴拉伸样件测试：样件的一端固定，在另一端进行拉伸，实现永久变形。有限元模型示意图如图 7-1 所示。

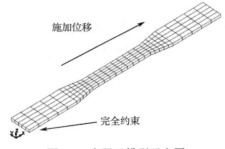

施加位移

完全约束

图 7-1 有限元模型示意图

7.1.3 前处理软件建模版本说明

建议 LS-PrePost 采用 4.6 版本或以上版本，求解器用 LS-DYNA R11.0 或最新版本。

7.1.4 操作步骤

该实例所有的操作均是基于 LS-PrePost 软件进行的，具体操作过程如下。

Step1：读取文件，有两种方法。

方法一：打开 LSPP 程序，如图 7-2 所示，在菜单栏上单击 File 按钮，然后选择 Open→LS-DYNA Keyword File，之后读取需要导入的 K 文件，最后单击打开按钮即可读取 K 文件。

方法二：打开 LSPP 程序，如图 7-3 所示，在菜单栏上单击 File 按钮，然后选择 Import→LS-DYNA Keyword File，之后读取需要导入的 K 文件，最后单击打开按钮即可读取 K 文件。

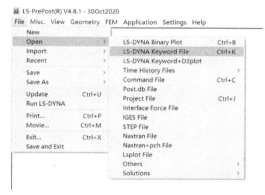

图 7-2　读取文件（1）

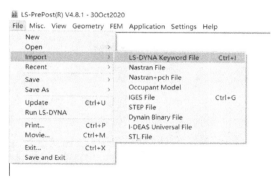

图 7-3　读取文件（2）

Step2：创建边界约束条件。如图 7-4 所示，在 LSPP 软件右侧工具栏中单击图标 ，然后单击 ，此时将看到如图 7-5 所示 Entity Creation 操作命令，单击 Boundary→Spc→Cre→Set→Area（选择样件一侧端点固定）→Sym plane（勾选 X，Y，Z，RX，RY，RZ 下方的复选框）→Apply→Done。

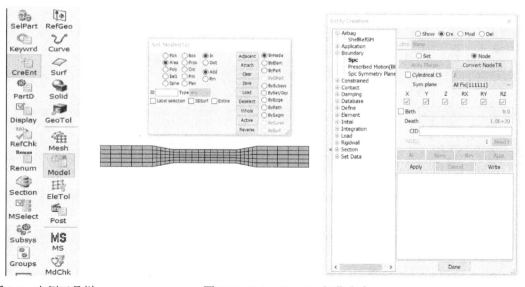

图 7-4　右侧工具栏　　　　　图 7-5　Entity Creation 操作命令 Spc

Step3：创建节点集合。如图 7-4 所示，在 LSPP 软件右侧工具栏中单击图标 ，然后单击 ，此时将看到图 7-6 所示 Entity Creation 操作命令，单击 Set Data→*SET_NODE→Cre→Area（选择样件另外一侧端点）→Apply→Done。

Step4：创建曲线。上述操作创建完点集合以后，在图 7-7 中右侧工具栏中单击图标 ，然后单击 ，此时可以看到图 7-8 所示 Keyword Manager 的操作界面，在 Edit 文本框中输入 DEFINE_CURVE，找到 CURVE 以后双击它。

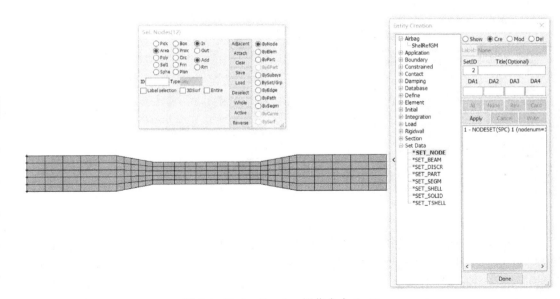

图 7-6　Entity Creation 操作命令 Set Data

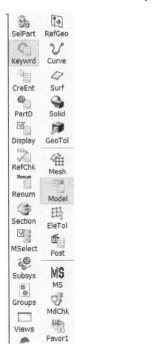

图 7-7　右侧工具栏

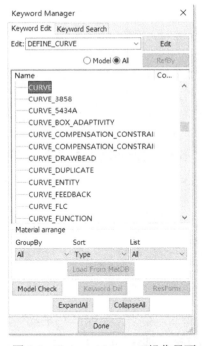

图 7-8　Keyword Manager 操作界面

上述操作完成后，可以看到如图 7-9 所示的 *DEFINE_CURVE 关键字卡片。

输入曲线的三个坐标点（0,0）、（0.005,10）、（0.0055,10），每输入一个点的坐标都必须单击 Insert 按钮插入。曲线坐标输入完成以后，单击 Accept→Done 按钮结束。

A1:0　　　　　　　　　　　O1:0

A2:0.005　　　　　　　　　O2:10

A3:0.0055　　　　　　　　O3:10

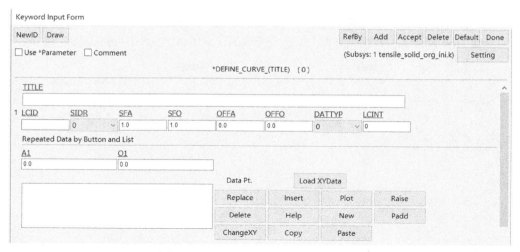

图 7-9 *DEFINE_CURVE 关键字卡片

Step5：创建强制位移加载边界。完成上述点集合和曲线的创建以后，在 LSPP 软件右侧工具栏中单击图标，然后单击，此时将看到图 7-10 所示 Entity Creation 操作命令，单击 Boundary→Prescribed Motion（BPM）→Cre→Type（SET）→NSID（选择 Step3 中创建好的节点集合 ID）→DOF（选择 1）→VAD（选择 2）→LCID（选择 Step4 中创建好的曲线 ID）→Apply→Done。

Step6：创建控制卡片*CONTROL_ENERGY。在 LSPP 软件右侧工具栏中单击图标，然后单击，此时可以看到如图 7-11 所示 Keyword Manager 的操作界面，在 Edit 文本框中输入 CONTROL_ENERGY，找到 ENERGY 以后双击它。

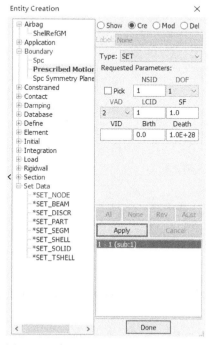

图 7-10 Entity Creation 操作命令 BPM

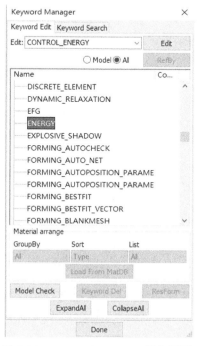

图 7-11 Keyword Manager 操作界面

上述操作完成后，可以看到如图 7-12 所示的*CONTROL_ENERGY 关键字卡片。
设置 HGEN 和 SLNTEN 为 2，其他项设置为 1，单击 Accept→Done 按钮结束。

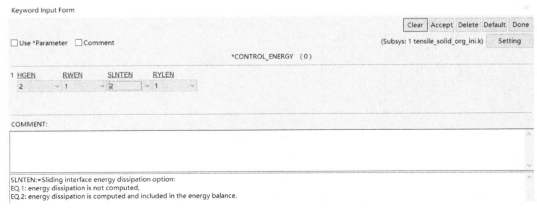

图 7-12   *CONTROL_ENERGY 关键字卡片

Step7：创建控制卡片*CONTROL_TERMINATION。在 LSPP 软件右侧工具栏中单
击图标，然后单击，此时可以看到图 7-13 所示 Keyword Manager 的操作界面，在
Edit 文本框中输入 CONTROL_ TERMINATION，找到 TERMINATION 以后双击它。

图 7-13   Keyword Manager 操作界面

上述操作完成后，可以看到如图 7-14 所示的*CONTROL_ TERMINATION 关键字卡
片。在 ENDTIM 栏中输入 0.005，单击 Accept→Done 按钮结束。

图 7-14 *CONTROL_TERMINATION 关键字卡片

Step8：创建控制卡片*CONTROL_TIMESTEP。在 LSPP 软件右侧工具栏中单击图标，然后单击，此时可以看到图 7-15 所示 Keyword Manager 的操作界面，在 Edit 文本框中输入 CONTROL_TIMESTEP，找到 TIMESTEP 以后双击它。

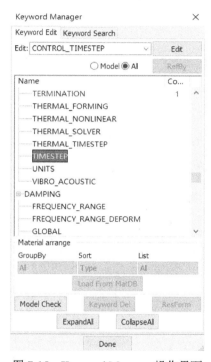

图 7-15 Keyword Manager 操作界面

上述操作完成后，可以看到如图 7-16 所示的*CONTROL_TIMESTEP 关键字卡片。所有参数保持默认值，单击 Accept→Done 按钮结束。

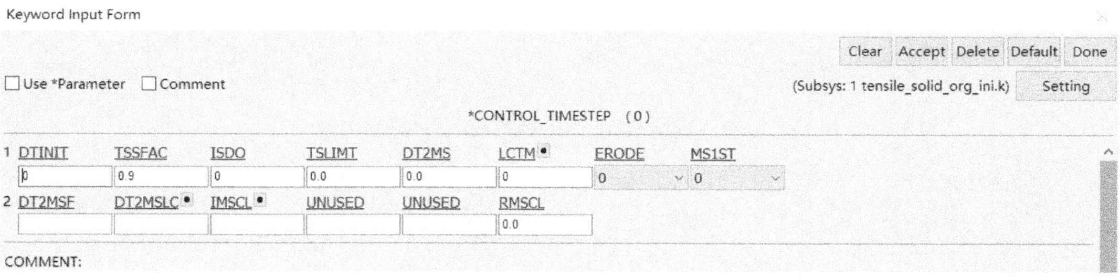

图 7-16 *CONTROL_TIMESTEP 关键字卡片

Step9：输出控制卡片*DATABASE_ASCII_OPTION 文件。在 LSPP 软件右侧工具栏中单击图标，然后单击，此时可以看到图 7-17 所示 Keyword Manager 的操作界面，在 Edit 文本框中输入 DATABASE_ASCII_option，找到 ASCII_option 以后双击它。

图 7-17　Keyword Manager 操作界面

上述操作完成后，可以看到如图 7-18 所示的*DATABASE_OPTION 关键字卡片。在 Default DT 栏中输入 0.0001，并勾选 BNDOUT、ELOUT、GLSTAT、NODROR 这 4 个输出项，分别如图 7-19～图 7-22 所示，最后单击 Accept→Done 按钮结束。

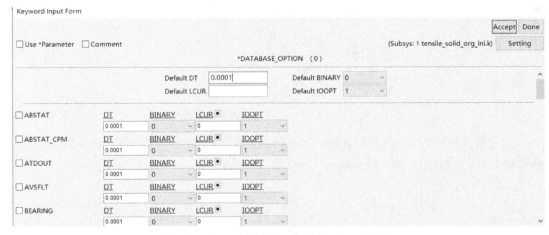

图 7-18　*DATABASE_OPTION 关键字卡片

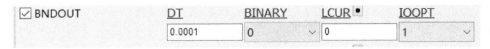

图 7-19　BNDOUT 输出

图 7-20 ELOUT 输出

图 7-21 GLSTAT 输出

图 7-22 NODFOR 输出

Step10：输出控制卡片*DATABASE_BINARY_D3PLOT 文件。在 LSPP 软件右侧工具栏中单击图标![Model]，然后单击![Keyword]，此时可以看到图 7-23 所示 Keyword Manager 的操作界面，在 Edit 文本框中输入 DATABASE_BINARY_D3PLOT，找到 BINARY_D3PLOT 以后双击它。

图 7-23 Keyword Manager 操作界面

上述操作完成后，可以看到如图 7-24 所示的*DATABASE_BINARY_D3PLOT 关键字卡片。在 DT 栏中输入 0.001，单击 Accept→Done 按钮结束。

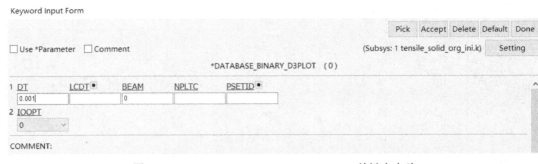

图 7-24 *DATABASE_BINARY_D3PLOT 关键字卡片

Step11：创建实体单元集合。在 LSPP 软件右侧工具栏中单击图标，然后单击，此时将看到图 7-25 所示 Entity Creation 操作命令，单击 Set Data→*SET_SOLID→Cre→Area（选择样件中间部位的实体单元）→Apply→Done。

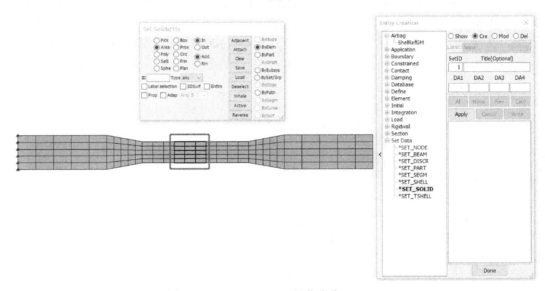

图 7-25　Entity Creation 操作命令 Set Data

Step12：输出实体单元信息控制卡片* DATABASE_HISTORY_SOLID_SET 文件。在 LSPP 软件右侧工具栏中单击图标，然后单击，此时可以看到图 7-26 所示 Keyword Manager 的操作界面，在 Edit 文本框中输入 DATABASE_HISTORY_SOLID_SET，找到 HISTORY_SOLID_SET 以后双击它。

上述操作完成后，可以看到如图 7-27 所示的*DATABASE_HISTORY_SOLID_SET 关键字卡片。在 ID1 栏中选择 Step11 中创建完成的实体单元集合 ID，然后单击 Insert 按钮插入，最后单击 Accept→Done 按钮结束。

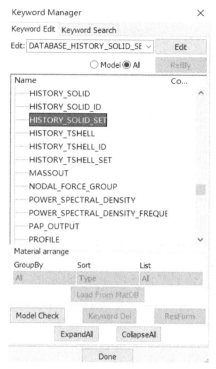

图 7-26　Keyword Manager 操作界面

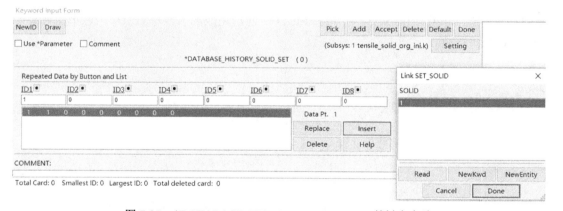

图 7-27　*DATABASE_HISTORY_SOLID_SET 关键字卡片

Step13：输出节点力信息控制卡片* DATABASE_NODAL_FORCE_GROUP 文件。在 LSPP 软件右侧工具栏中单击图标，然后单击，此时可以看到图 7-28 所示 Keyword Manager 的操作界面，在 Edit 文本框中输入 DATABASE_NODAL_FORCE_GROUP，找到 NODAL_FORCE_GROUP 以后双击它。

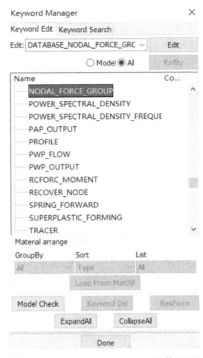

图 7-28　Keyword Manager 操作界面

上述操作完成后，可以看到如图 7-29 所示的* DATABASE_NODAL_FORCE_GROUP 关键字卡片。在NSID栏中选择Step3中创建完成的节点集合ID，然后单击Accept→Done 按钮结束。

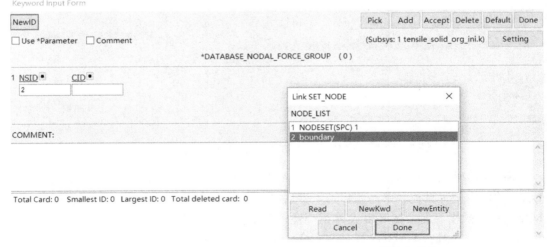

图 7-29　*DATABASE_NODAL_FORCE_GROUP 关键字卡片

Step14：单击菜单栏中的 File 按钮，然后单击 Save→Save Keyword，如图 7-30 所示，保存输出文件。

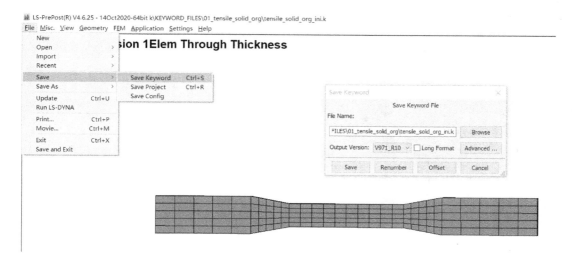

图 7-30　保存输出文件

Step15：输出的 K 文件提交至 LS-Run 软件进行计算，操作界面如图 7-31 所示。

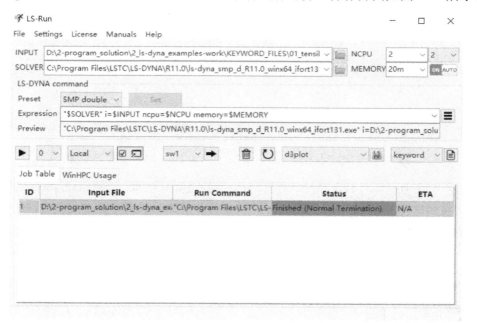

图 7-31　LS-Run 操作界面

在上述操作界面中，在 INPUT 栏选择输入的 K 文件路径，SOLVER 栏可以调取求解器的版本，NCPU 是核数的选择，MEMORY 一般情况下可选择默认的 ON 按钮，▶ 按钮是开启计算命令。计算结束后 Status 栏显示 Finished（Normal Termination）。

Step16：在 LSPP 软件的右侧工具栏中读取计算结果，如图 7-32 所示，单击图标 ，然后再单击图标 ，就可以看到如图 7-33 所示的 ASCII 结果信息。

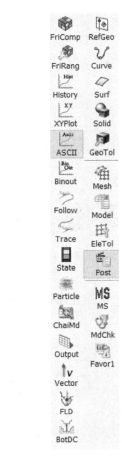

图 7-32　右侧工具栏

图 7-33　ASCII 结果信息

在图 7-33 中先单击 Load 按钮加载计算完成的 ASCII 信息，选择 elout，然后单击单元 Bk-71，继续选择 9-Effective Stress（v-m），最后单击 Plot 按钮生成曲线数据，如图 7-34 所示为单元的应力-时间曲线。

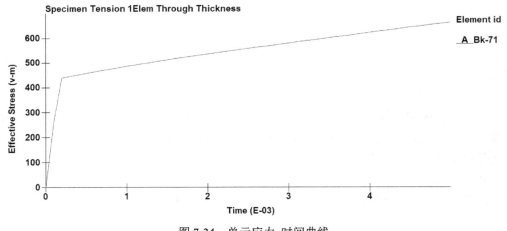

图 7-34　单元应力-时间曲线

Step17：在 LSPP 软件的右侧工具栏中读取计算结果，如图 7-35 所示，单击图标 ，然后再单击图标 ，就可以看到如图 7-36 所示的 Fringe Component 结果信息。

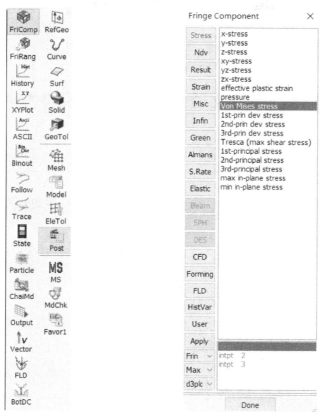

图 7-35　右侧工具栏　　　　图 7-36　Fringe Component 结果信息

在图 7-36 中先单击 Stress 按钮，然后选择 Von Mises stress，可以看到动画的应力变化，图 7-37 为 t=0.005 时刻样件的应力变形云图。

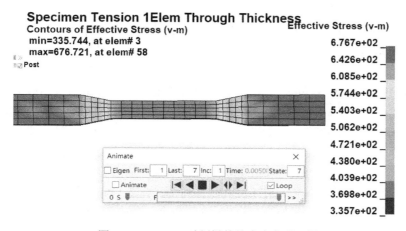

图 7-37　t=0.005 时刻样件的应力变形云图

7.2　小球撞击板建模实例

7.2.1　实例目的

通过定义球撞击板的案例熟悉 LS-PrePost 的操作界面，并输出计算文件和生成相关曲线。

7.2.2　试样说明

球作为刚性体以一定的初速度 10mm/ms 撞击板，其中板四边均固定，有限元模型的示意图如图 7-38 所示。

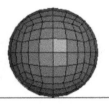

图 7-38　有限元模型示意图

7.2.3　前处理软件建模版本说明

建议 LS-PrePost 采用 4.6 版本或以上版本，求解器用 LS-DYNA R11.0 或最新版本。

7.2.4　操作步骤

该实例所有的操作均是基于 LS-PrePost 软件进行的，具体操作过程如下。

Step1：读取文件，有两种方法。

方法一：打开 LSPP 程序，如图 7-39 所示，在菜单栏上单击 File 按钮，然后选择 Open→LS-DYNA Keyword File，之后读取需要导入的 K 文件，最后单击打开按钮即可读取 K 文件。

方法二：打开 LSPP 程序，如图 7-40 所示，在菜单栏上单击 File 按钮，然后选择 Import→LS-DYNA Keyword File，之后读取需要导入的 K 文件，最后单击打开按钮即可读取 K 文件。

Step2：创建边界约束条件。在 LSPP 软件右侧工具栏中单击图标，然后单击，此时将看到如图 7-41 所示 Entity Creation 操作命令，单击 Boundary→Spc→Cre→Set→ Area（选择样件 4 个边的端点）→Sym plane（只勾选 X，Y，Z 下方的复选框）→Apply→ Done。

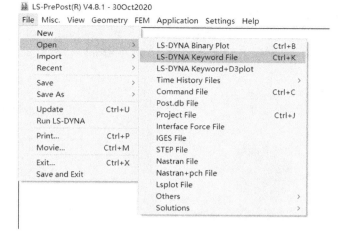

图 7-39 读取文件（1）

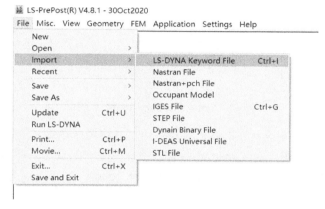

图 7-40 读取文件（2）

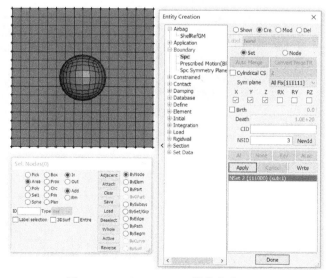

图 7-41 Entity Creation 操作命令 Spc

Step3：创建初始速度*INITIAL_VELOCITY_NODE。在 LSPP 软件右侧工具栏中单击图标，然后单击，此时将看到图 7-42 中所示 Entity Creation 操作命令，单击 Initial→Velocity→Cre→Vz（输入参数-10）→ByPart→Pick（选择球）→Apply→Done。

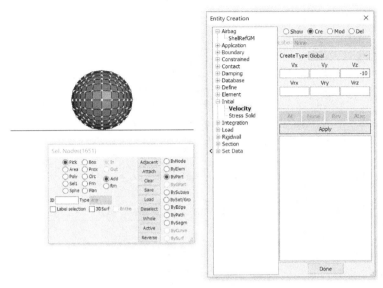

图 7-42　Entity Creation 操作命令 Initial

Step4：创建 PART 集合。在 LSPP 软件右侧工具栏中单击图标，然后单击，此时将看到图 7-43 所示 Entity Creation 操作命令，单击 Set Data→*SET_PART→Cre→ByPart→Pick（选择球和板两个 PART）→Apply→Done。

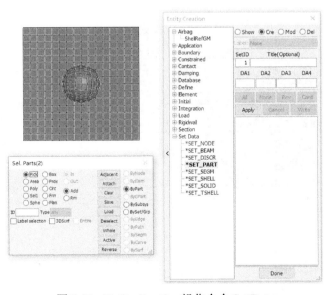

图 7-43　Entity Creation 操作命令 Set Data

Step5：创建接触卡片* CONTACT_AUTOMATIC_SINGLE_SURFACE。上述操作创

建完 PART 集合以后，在如图 7-44 所示右侧工具栏中单击图标，然后单击，此时可以看到图 7-45 所示 Keyword Manager 的操作界面，在 Edit 文本框中输入 CONTACT_AUTOMATIC_SINGLE_SURFACE，找到 AUTOMATIC_SINGLE_SURFACE 以后双击它。

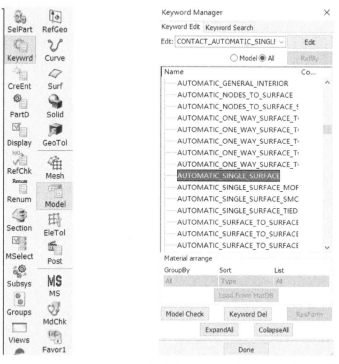

图 7-44　右侧工具栏　　　　图 7-45　Keyword Manager 操作界面

上述操作完成后，可以看到如图 7-46 所示的* CONTACT_AUTOMATIC_SINGLE_SURFACE 关键字卡片。SSTYP 关键字选择 2，然后在 SSID 中选择 Step4 中创建的 PART 集合，最后单击 Accept→Done 按钮结束。

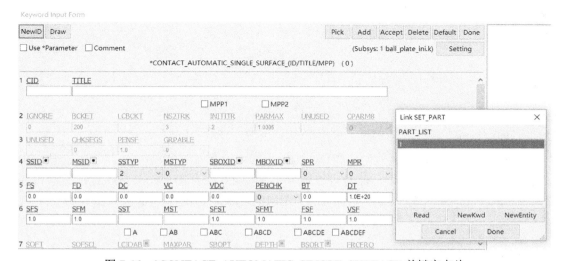

图 7-46　*CONTACT_AUTOMATIC_SINGLE_SURFACE 关键字卡片

Step6：创建控制卡片*CONTROL_ENERGY。在 LSPP 软件右侧工具栏中单击图标，然后单击，此时可以看到如图 7-47 所示 Keyword Manager 的操作界面，在 Edit 文本框中输入 CONTROL_ENERGY，找到 ENERGY 以后双击它。

图 7-47　Keyword Manager 操作界面

上述操作完成后，可以看到如图 7-48 所示的*CONTROL_ENERGY 关键字卡片。设置 SLNTEN 为 2，其他项设置为 1，单击 Accept→Done 按钮结束。

图 7-48　*CONTROL_ENERGY 关键字卡片

Step7：创建控制卡片*CONTROL_TERMINATION。在 LSPP 软件右侧工具栏中单击图标，然后单击，此时可以看到如图 7-49 所示 Keyword Manager 的操作界面，在 Edit 文本框中输入 CONTROL_ TERMINATION，找到 TERMINATION 以后双击它。

图 7-49　Keyword Manager 操作界面

上述操作完成后，可以看到如图 7-50 所示的*CONTROL_TERMINATION 关键字卡片。在 ENDTIM 栏中输入 10，单击 Accept→Done 按钮结束。

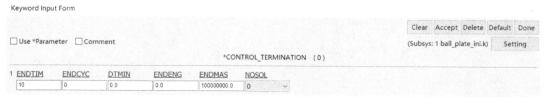

图 7-50　*CONTROL_TERMINATION 关键字卡片

Step8：输出控制卡片*DATABASE_ASCII_OPTION 文件。在 LSPP 软件右侧工具栏中单击图标，然后单击，此时可以看到如图 7-51 所示 Keyword Manager 的操作界面，在 Edit 文本框中输入 DATABASE_ASCII_option，找到 ASCII_option 以后双击它。

上述操作完成后，可以看到如图 7-52 所示的*DATABASE_OPTION 关键字卡片。在 Default DT 栏中输入 0.1，并勾选 GLSTAT、MATSUM、SLEOUT 这三个输出项，分别如图 7-53～图 7-55 所示，最后单击 Accept→Done 按钮结束。

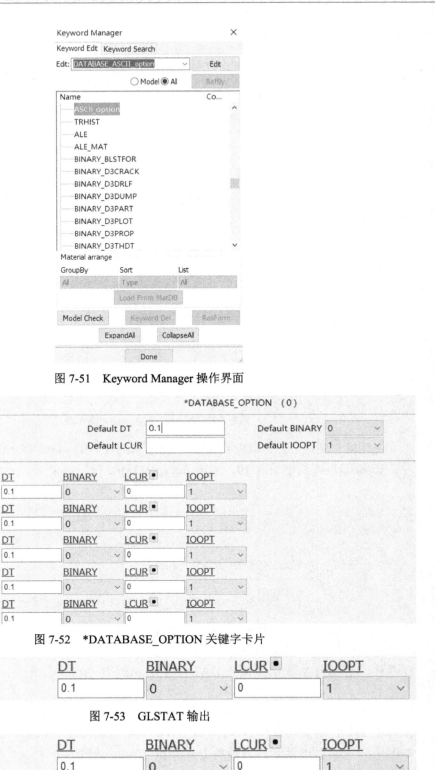

图 7-51　Keyword Manager 操作界面

图 7-52　*DATABASE_OPTION 关键字卡片

图 7-53　GLSTAT 输出

图 7-54　MATSUM 输出

图 7-55　SLEOUT 输出

Step9：输出控制卡片* DATABASE_BINARY_D3PLOT 文件。在 LSPP 软件右侧工具栏中单击图标 Model，然后单击 Keywrd，此时可以看到如图 7-56 所示 Keyword Manager 的操作界面，在 Edit 文本框中输入 DATABASE_BINARY_D3PLOT，找到 BINARY_D3PLOT 以后双击它。

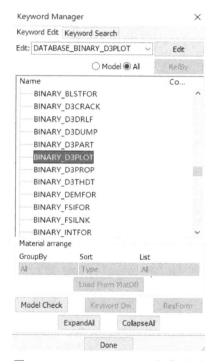

图 7-56　Keyword Manager 操作界面

上述操作完成后，可以看到如图 7-57 所示的*DATABASE_BINARY_D3PLOT 关键字卡片。在 DT 栏中输入 1，然后单击 Accept→Done 按钮结束。

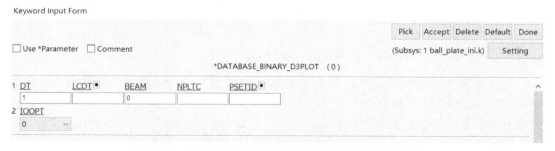

图 7-57　*DATABASE_BINARY_D3PLOT 关键字卡片

Step10：单击菜单栏中的 File 按钮，然后单击 Save→Save Keyword，如图 7-58 所示，

保存输出文件。

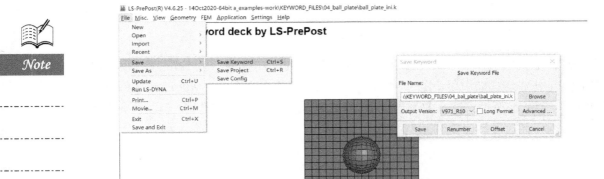

图 7-58　保存输出文件

Step11：输出的 K 文件提交至 LS-Run 软件进行计算，操作界面如图 7-59 所示。

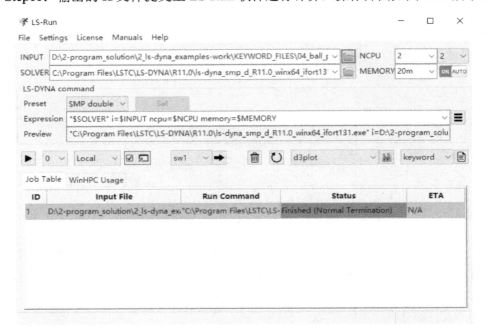

图 7-59　LS-Run 操作界面

在上述操作界面中，在 INPUT 栏选择输入的 K 文件路径，SOLVER 栏可以调取求解器的版本，NCPU 是核数的选择，MEMORY 一般情况下可选择默认的 ON 按钮，▶按钮是开启计算命令。计算结束后 Status 栏显示 Finished（Normal Termination）。

Step12：在 LSPP 软件的右侧工具栏中读取计算结果，如图 7-60 所示，单击图标 ，然后再单击图标 ，就可以看到如图 7-61 所示的 Binout 结果信息。

图 7-60　右侧工具栏　　　　图 7-61　Binout 结果信息

在图 7-61 中先单击 Load 按钮导入计算完成的 binout0000 信息，选择 sleout，然后单击 1:contact definition，继续选择 slave，最后单击 Plot 按钮生成曲线数据，如图 7-62 所示为滑移能曲线。

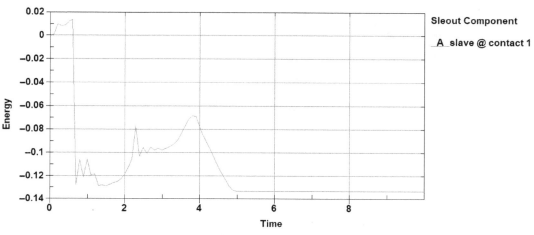

图 7-62　滑移能曲线

Step13：在 LSPP 软件的右侧工具栏中读取计算结果，如图 7-63 所示，单击图标 ，然后再单击图标 ，就可以看到如图 7-64 所示的 Fringe Component 结果信息。

图 7-63　右侧工具栏　　　　图 7-64　Fringe Component 结果信息

在图 7-64 中先单击 Stress 按钮，然后选择 Von Mises stress，可以看到动画的应力变化，图 7-65 为 t=10ms 时刻样件的应力变形云图。

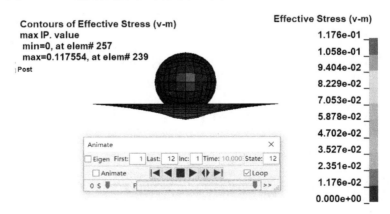

图 7-65　t=10ms 时刻样件的应力变形云图

7.3 圆管受压建模实例

7.3.1 实例目的

应用 LS-PrePost 界面定义不同零件间的接触，查看接触输出文件。

7.3.2 试样说明

定义 * CONTACT_AUTOMATIC_GENERAL 接触。一根固定管被由初始旋转速度驱动的另一根管击中，由于两者都使用弹塑性材料模型，因此圆管接触并变形。样件有限元模型如图 7-66 所示。

图 7-66 样件有限元模型示意图

7.3.3 前处理软件建模版本说明

建议 LS-PrePost 采用 4.6 版本或以上版本，求解器用 LS-DYNA R11.0 或最新版本。

7.3.4 操作步骤

该实例所有的操作均是基于 LS-PrePost 软件进行的，具体操作过程如下。

Step1：读取文件，有两种方法。

方法 1：打开 LSPP 程序，如图 7-67 所示，在菜单栏上单击 File 按钮，然后选择 Open→LS-DYNA Keyword File，之后读取需要导入的 K 文件，最后单击打开按钮即可读取 K 文件。

方法 2：打开 LSPP 程序，如图 7-68 所示，在菜单栏上单击 "File" 按钮，然后选择 Import→LS-DYNA Keyword File，之后读取需要导入的 K 文件，最后单击打开按钮即可读取 K 文件。

Step2：创建边界约束条件。在 LSPP 软件右侧工具栏中单击图标 ，然后单击 ，此时将看到如图 7-69 所示 Entity Creation 操作命令，单击 Boundary→Spc→Cre→Set→

ByNode→Area（选择红色圆管半圈的节点固定）→Sym plane（勾选 X，Y，Z，RX，RY，RZ 下方的复选框）→Apply→Done。

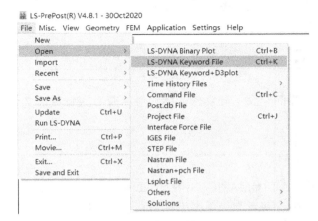

图 7-67　读取文件（1）

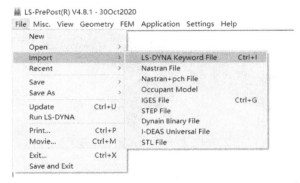

图 7-68　读取文件（2）

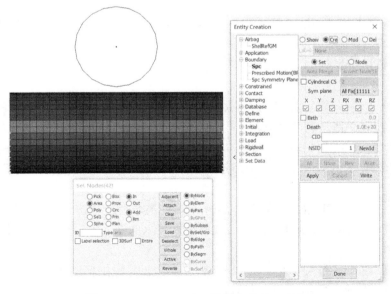

图 7-69　Entity Creation 操作命令 Spc（1）

如图 7-70 所示，继续单击 Boundary→Spc→Cre→Set→ByNode→Area（选择蓝色圆管负 Y 方向侧圆的节点固定）→Sym plane（勾选 X，Y，Z，RX，RY，RZ 下方的复选框）→Apply→Done。

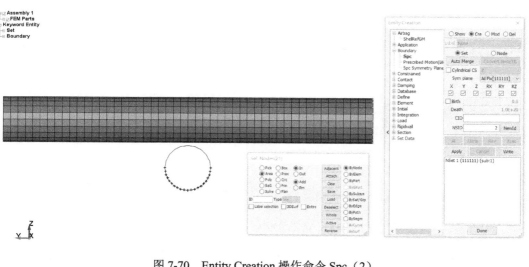

图 7-70　Entity Creation 操作命令 Spc（2）

Step3：创建初始角速度*INITIAL_VELOCITY_GENERATION。在 LSPP 软件右侧工具栏中单击图标，然后单击，此时可以看到图 7-71 所示 Keyword Manager 的操作界面，在 Edit 文本框中输入 INITIAL_VELOCITY_GENERATION，找到 VELOCITY_GENERATION 以后双击它。

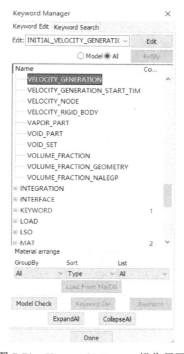

图 7-71　Keyword Manager 操作界面

上述操作完成后，可以看到如图 7-72 所示的* INITIAL_VELOCITY_GENERATION 关键字卡片。在 OMEGA 中输入 100，然后在 STYP 中选择 2，NSID/PID 中选择 2，在 XC、YC、ZC 中输入 635、-635、168.27499，NX、NY、NZ 中输入-1、0、0，最后单击 Accept→Done 按钮结束。

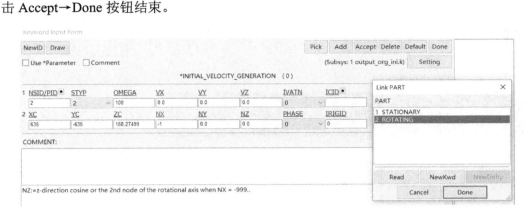

图 7-72　*INITIAL_VELOCITY_GENERATION 关键字卡片

Step4：创建 PART 集合。在 LSPP 软件右侧工具栏中单击图标，然后单击，此时将看到图 7-73 所示 Entity Creation 操作命令，单击 Set Data→*SET_PART→Cre→ByPart→Pick（选择蓝管和红管两个 PART）→Apply→Done。

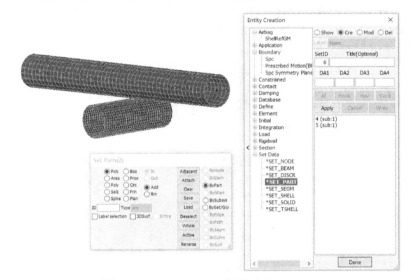

图 7-73　Entity Creation 操作命令 Set Data

Step5：创建接触卡片*CONTACT_AUTOMATIC_GENERAL。在 LSPP 软件右侧工具栏中单击图标，然后单击，此时可以看到图 7-74 所示 Keyword Manager 的操作界面，在 Edit 文本框中输入 CONTACT_AUTOMATIC_GENERAL，找到 AUTOMATIC_GENERAL 以后双击它。

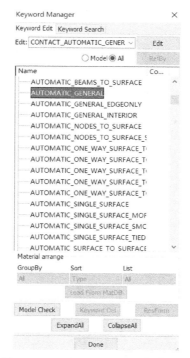

图 7-74　Keyword Manager 操作界面

　　上述操作完成后，可以看到如图 7-75 所示的* CONTACT_AUTOMATIC_GENERAL 关键字卡片。SSTYP 关键字选择 2，然后在 SSID 中选择 Step4 中创建的 PART 集合，最后单击 Accept→Done 按钮结束。

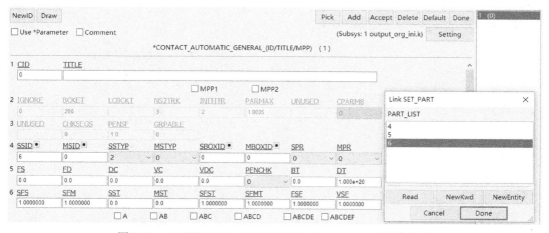

图 7-75　*CONTACT_AUTOMATIC_GENERAL 关键字卡片

　　Step6：创建力的接触传感器卡片*CONTACT_FORCE_TRANSDUCER。在 LSPP 软件右侧工具栏中单击图标，然后单击，此时可以看到图 7-76 所示 Keyword Manager 的操作界面，在 Edit 文本框中输入 CONTACT_FORCE_TRANSDUCER，找到 FORCE_TRANSDUCER 以后双击它。

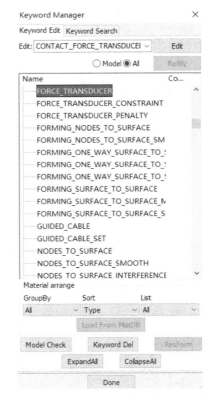

图 7-76　Keyword Manager 操作界面

　　上述操作完成后，可以看到如图 7-77 所示的* CONTACT_FORCE_TRANSDUCER 关键字卡片。SSTYP 和 MSTYP 关键字选择 3，然后在 SSID 中选择 1，在 MSID 中选择 2，最后单击 Accept→Done 按钮结束。

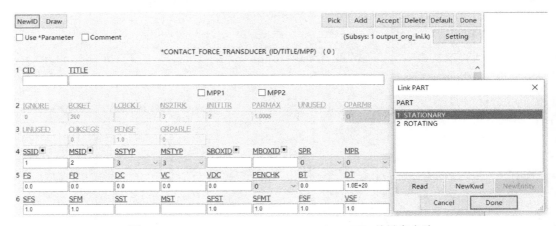

图 7-77　*CONTACT_FORCE_TRANSDUCER 关键字卡片

　　Step7：创建控制卡片*CONTROL_ENERGY。在 LSPP 软件右侧工具栏中单击图标 ，然后单击 ，此时可以看到图 7-78 所示 Keyword Manager 的操作界面，在 Edit 文本框中输入 CONTROL_ENERGY，找到 ENERGY 以后双击它。

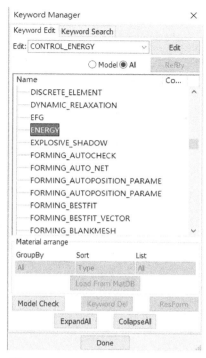

图 7-78　Keyword Manager 操作界面

上述操作完成后，可以看到如图 7-79 所示的*CONTROL_ENERGY 关键字卡片。设置 HGEN 和 SLNTEN 为 2，其他项设置为 1，单击 Accept→Done 按钮结束。

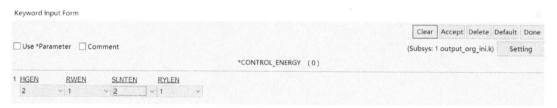

图 7-79　*CONTROL_ENERGY 关键字卡片

Step8：创建控制卡片*CONTROL_HOURGLASS。在 LSPP 软件右侧工具栏中单击图标，然后单击，此时可以看到图 7-80 所示 Keyword Manager 的操作界面，在 Edit 文本框中输入 CONTROL_HOURGLASS，找到 HOURGLASS 以后双击它。

上述操作完成后，可以看到如图 7-81 所示的*CONTROL_HOURGLASS 关键字卡片。参数采用默认值，单击 Accept→Done 按钮结束。

Step9：创建控制卡片*CONTROL_CONTACT。在 LSPP 软件右侧工具栏中单击图标，然后单击，此时可以看到图 7-82 所示 Keyword Manager 的操作界面，在 Edit 文本框中输入 CONTROL_CONTACT，找到 CONTACT 以后双击它。

图 7-80　Keyword Manager 操作界面

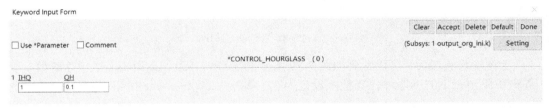

图 7-81　*CONTROL_HOURGLASS 关键字卡片

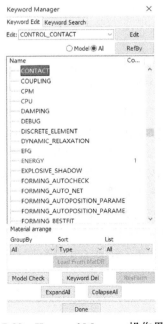

图 7-82　Keyword Manager 操作界面

上述操作完成后，可以看到如图 7-83 所示的*CONTROL_CONTACT 关键字卡片。其中 ISLCHK 参数选择 2，SHLTHK 参数选择 2，其余参数采用默认值，单击 Accept→Done 按钮结束。

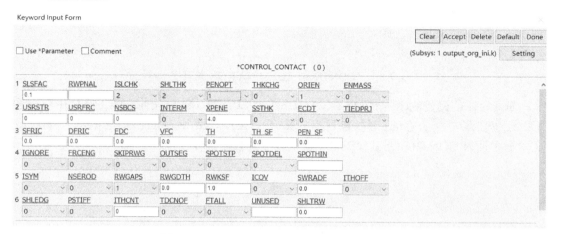

图 7-83　*CONTROL_CONTACT 关键字卡片

Step10：创建控制卡片*CONTROL_TERMINATION。在 LSPP 软件右侧工具栏中单击图标，然后单击，此时可以看到图 7-84 所示 Keyword Manager 的操作界面，在 Edit 文本框中输入 CONTROL_ TERMINATION，找到 TERMINATION 以后双击它。

图 7-84　Keyword Manager 操作界面

上述操作完成后，可以看到如图 7-85 所示的*CONTROL_ TERMINATION 关键字卡片。在 ENDTIM 栏中输入 0.002，单击 Accept→Done 按钮结束。

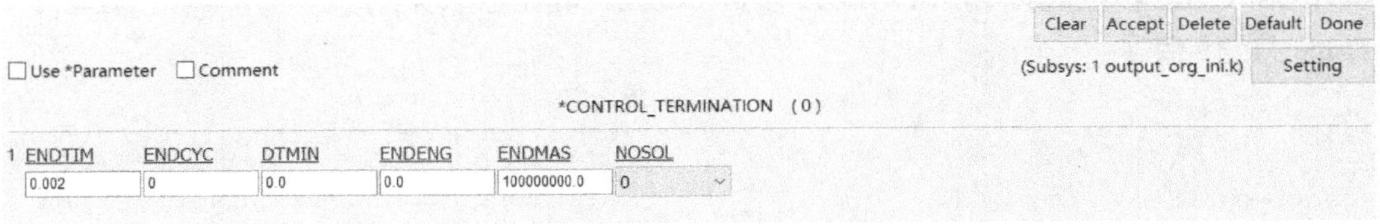

	Clear	Accept	Delete	Default	Done

☐ Use *Parameter ☐ Comment (Subsys: 1 output_org_ini.k) Setting

*CONTROL_TERMINATION (0)

1 ENDTIM	ENDCYC	DTMIN	ENDENG	ENDMAS	NOSOL
0.002	0	0.0	0.0	100000000.0	0

图 7-85 *CONTROL_TERMINATION 关键字卡片

Step11：创建控制卡片*CONTROL_TIMESTEP。在 LSPP 软件右侧工具栏中单击图标，然后单击，此时可以看到图 7-86 所示 Keyword Manager 的操作界面，在 Edit 文本框中输入 CONTROL_ TIMESTEP，找到 TIMESTEP 以后双击它。

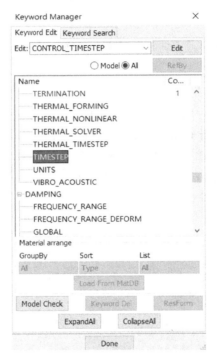

图 7-86 Keyword Manager 操作界面

上述操作完成后，可以看到如图 7-87 所示的*CONTROL_ TIMESTEP 关键字卡片。所有参数均保持默认值，单击 Accept→Done 按钮结束。

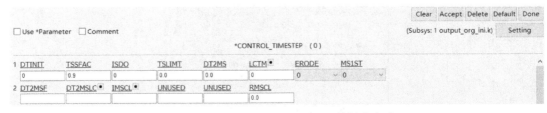

图 7-87 *CONTROL_TIMESTEP 关键字卡片

Step12：输出控制卡片*DATABASE_ASCII_OPTION 文件。在 LSPP 软件右侧工具栏中单击图标，然后单击，此时可以看到图 7-88 所示 Keyword Manager 的操作界面，在 Edit 文本框中输入 DATABASE_ASCII_option，找到 ASCII_option 以后双击它。

图 7-88　Keyword Manager 操作界面

上述操作完成后，可以看到如图 7-89 所示的*DATABASE_OPTION 关键字卡片。勾选 ELOUT、GLSTAT、MATSUM、NODOUT、RCFORC 这 5 个输出项，其中除了 RCFORC 的 DT 设置为 2e-5 外，其他各项的 DT 均设置为 1e-6，分别如图 7-90～图 7-94 所示，最后单击 Accept→Done 按钮结束。

图 7-89　*DATABASE_OPTION 关键字卡片

图 7-90　ELOUT 输出

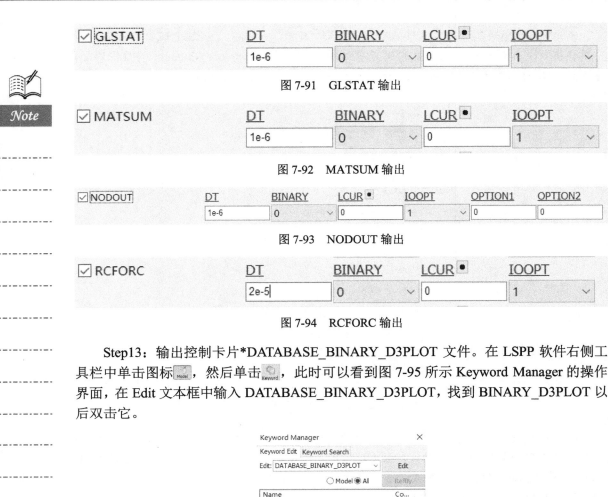

图 7-91　GLSTAT 输出

图 7-92　MATSUM 输出

图 7-93　NODOUT 输出

图 7-94　RCFORC 输出

Step13：输出控制卡片*DATABASE_BINARY_D3PLOT 文件。在 LSPP 软件右侧工具栏中单击图标，然后单击，此时可以看到图 7-95 所示 Keyword Manager 的操作界面，在 Edit 文本框中输入 DATABASE_BINARY_D3PLOT，找到 BINARY_D3PLOT 以后双击它。

图 7-95　Keyword Manager 操作界面

上述操作完成后，可以看到如图 7-96 所示的*DATABASE_BINARY_D3PLOT 关键字卡片。在 DT 栏中输入 1e-4，单击 Accept→Done 按钮结束。

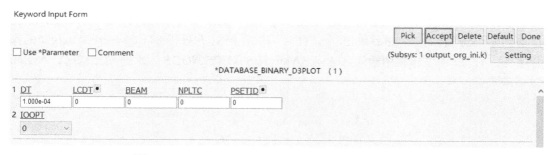

图 7-96 *DATABASE_BINARY_D3PLOT 关键字卡片

Step14：输出控制卡片* DATABASE_BINARY_D3DUMP 文件。在 LSPP 软件右侧工具栏中单击图标 ，然后单击 ，此时可以看到图 7-97 所示 Keyword Manager 的操作界面，在 Edit 文本框中输入 DATABASE_BINARY_D3DUMP，找到 BINARY_D3DUMP 以后双击它。

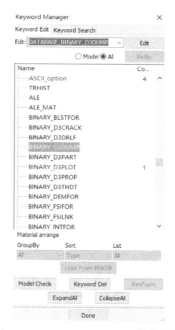

图 7-97 Keyword Manager 操作界面

上述操作完成后，可以看到如图 7-98 所示的*DATABASE_BINARY_D3DUMP 关键字卡片。在 CYCL 栏中输入 1e+5，单击 Accept→Done 按钮结束。

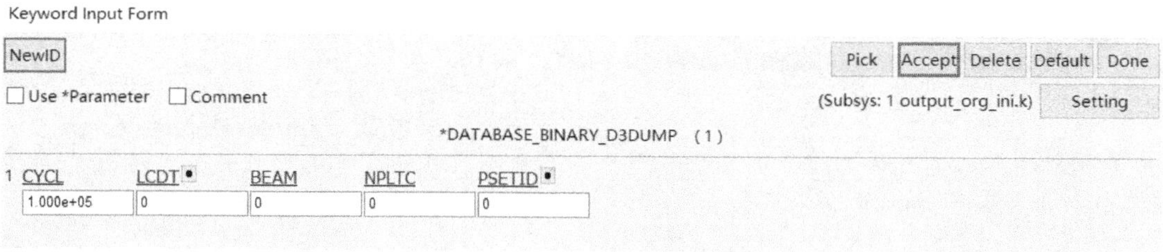

图 7-98 *DATABASE_BINARY_D3DUMP 关键字卡片

Step15：输出节点控制卡片＊DATABASE_HISTORY_NODE 文件。在 LSPP 软件右侧工具栏中单击图标，然后单击，此时可以看到图 7-99 所示 Keyword Manager 的操作界面，在 Edit 文本框中输入 DATABASE_HISTORY_NODE，找到 HISTORY_NODE以后双击它。

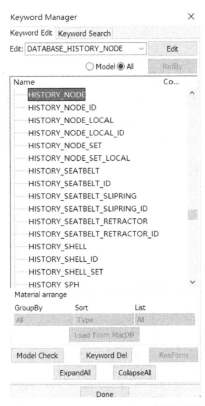

图 7-99　Keyword Manager 操作界面

上述操作完成后，可以看到如图 7-100 所示的＊DATABASE_HISTORY_NODE 关键字卡片。在 ID1 中选择节点 1560 后，单击 Insert 按钮插入数据，最后单击 Accept→Done按钮结束。

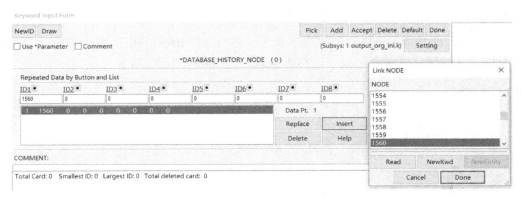

图 7-100　＊DATABASE_HISTORY_NODE 关键字卡片

Step16：单击菜单栏中的 File 按钮，然后单击 Save→Save Keyword，如图 7-101 所示，保存输出文件。

图 7-101 保存输出文件

Step17：输出的 K 文件提交至 LS-Run 软件进行计算，操作界面如图 7-102 所示。

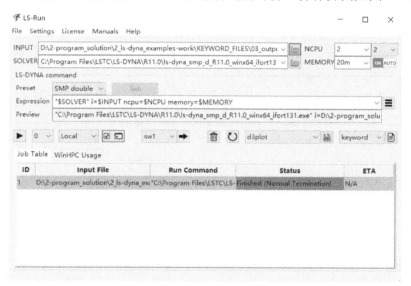

图 7-102 LS-Run 操作界面

在上述操作界面中，在 INPUT 栏选择输入的 K 文件路径，SOLVER 栏可以调取求解器的版本，NCPU 是核数的选择，MEMORY 一般情况下可选择默认的 ON 按钮，▶ 按钮是开启计算命令。计算结束后 Status 栏显示 Finished（Normal Termination）。

Step18：在 LSPP 软件的右侧工具栏中读取计算结果，如图 7-103 所示，单击图标 ，然后再单击图标 ，就可以看到如图 7-104 所示的 Binout 结果信息。

图 7-103　右侧工具栏　　　图 7-104　Binout 结果信息

如图 7-104 所示，先单击 Load 按钮导入计算完成的 binout0000 信息，选择 nodout，然后单击 1560-，继续选择 z_displacement，最后单击 Plot 按钮生成曲线数据，如图 7-105 所示为节点 1560 的 Z 向位移-时间曲线。

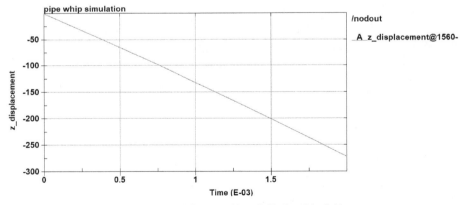

图 7-105　节点 1560 的 Z 向位移-时间曲线

导入 binout0000 信息后，如图 7-106 所示先选择 rcforc，然后单击 S-2，再选择 resultant_force，最后单击 Plot 按钮生成曲线数据，如图 7-107 所示为接触界面力合力-时间输出曲线。

Step19：在 LSPP 软件的右侧工具栏中读取计算结果，如图 7-108 所示，单击图标，然后再单击图标，就可以看到如图 7-109 所示的 Fringe Component 结果信息。

Note

图 7-106　选择 rcforc

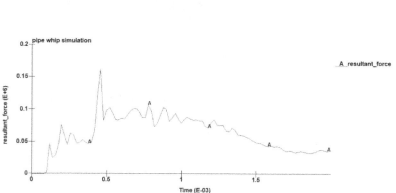

图 7-107　接触界面力合力–时间输出曲线

图 7-108　右侧工具栏　　　　图 7-109　Fringe Component 结果信息

195

在图 7-109 中先单击 Stress 按钮，然后选择 Von Mises stress，可以看到动画的应力变化，图 7-110 所示为 t =0.002s 时刻样件的应力变形云图。

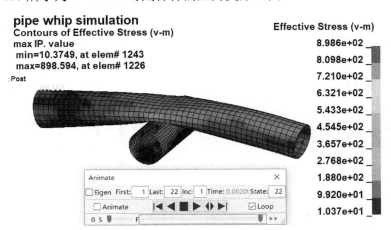

图 7-110　t =0.002s 时刻样件的应力变形云图

参 考 资 料

LS-DYNA®
KEYWORD USER'S MANUAL

VOLUME I

07/17/20 (r:13109)
LS-DYNA R12

LIVERMORE SOFTWARE TECHNOLOGY (LST), AN ANSYS COMPANY

LS-DYNA®
KEYWORD USER'S MANUAL

VOLUME II
Material Models

09/08/20 (r:13191)
LS-DYNA R12

LIVERMORE SOFTWARE TECHNOLOGY (LST), AN ANSYS COMPANY

LS-DYNA®
KEYWORD USER'S MANUAL

VOLUME III

Multi-Physics Solvers

07/15/20 (r:13106)
LS-DYNA R12

LIVERMORE SOFTWARE TECHNOLOGY (LST), AN ANSYS COMPANY

LS-DYNA®
Theory Manual

07/22/17 (r:8697)
LS-DYNA Dev

LIVERMORE SOFTWARE TECHNOLOGY CORPORATION (LSTC)